TRAITÉ ÉLÉMENTAIRE

DE

LA TAILLE DES ARBRES,

Avec 32 Figures.

OUVRAGE QUI A ÉTÉ COURONNÉ PAR LA SOCIÉTÉ D'HORTICUL-
TURE DE LA GIRONDE, DANS SA SÉANCE SOLENNELLE
DU 16 SEPTEMBRE 1845.

Par J. C. Ramey,

EX-JARDINIER AGRICULTEUR
DU GOUVERNEMENT AU SÉNÉGAL;
PÉPINIÉRISTE GRAINIER; PROFESSEUR D'AGRI-
CULTURE ET D'HORTICULTURE A L'ÉCOLE NORMALE
DE LA GIRONDE; MEMBRE DES SOCIÉTÉS D'AGRICULTURE DU
SÉNÉGAL, D'AGRICULTURE ET D'HORTICULTURE DU
DÉPARTEMENT DE LA GIRONDE, DES
JARDINIERS FLEURISTES ET
ARBORICULTEURS DE
BORDEAUX.

Prix : 1 fr. 50 c.

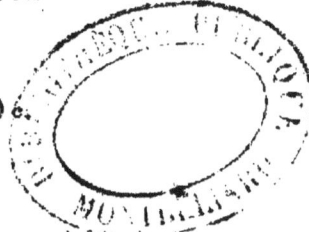

BORDEAUX,
CHEZ CHAUMAS - GAYET,
LIBRAIRE-ÉDITEUR,
Fossés Chap.-Rouge, 54.

PARIS,
CHEZ MADAME HUZARD,
IMPRIMEUR-LIBRAIRE,
Rue de l'Éperon, N° 7.

ET CHEZ L'AUTEUR,
Fossés du Chapeau-Rouge, 9, à Bordeaux.
—
1846.

TRAITÉ ÉLÉMENTAIRE

DE

LA TAILLE DES ARBRES.

Imprimerie de CRUZEL, rue des Ayres, 28.

AVANT-PROPOS

OU

CONSIDÉRATIONS GÉNÉRALES SUR LA PHYSIQUE
VÉGÉTALE.

A l'état sauvage, les végétaux naissent, croissent et meurent soit naturellement, soit par accident. Les plantes qui parcourent le cercle de leur évolution dans le temps le plus court, sont annuelles, bien qu'il s'en trouve parmi elles qui vivent moins d'un mois; il en est de bisannuelles, et celles qui vivent au-delà de deux ans, sont vivaces; on peut dire que ces dernières sont d'une durée fort longue. On connaît des arbres qui ont plus de trois mille ans et qui se portent bien; assurément ces arbres vivraient indéfiniment si l'on pouvait de loin en loin changer la terre qui les a nourris et qui se trouve épuisée pour eux; les plantes vivaces herbacées soumises à la culture qui sont soignées convenablement, sont perpé-

tuelles par le drageonnement qui les reproduit ;
d'où nous concluons que les plantes vivaces
meurent plutôt par accident que par vieillesse.
Les plantes se multiplient si prodigieusement
par leur graines, qu'il est impossible que toutes
celles qui naissent puissent subsister. Il n'y a
que celles qui se trouvent placées à la distance
qui leur est nécessaire qui parcourent leur
carrière. Comme on le voit, les végétaux spon-
tanés ne reçoivent aucuns soins, ils vivent de
leur force intrinsèque, en puisant dans le sol
et dans l'atmosphère, là où le Créateur les a
placés, les agents propres à les nourrir.

L'homme a agi sur les végétaux comme sur
les animaux en les réduisant à la domesticité ;
il leur a fait, avec le temps, subir une sensible
modification pour les approprier soit à ses besoins, soit même à ses caprices ; c'est en di-
minuant la force vitale des plantes que leur
fécondité va en augmentant ; cette condition
est remplie souvent à un si haut degré, qu'elle
est l'unique cause de la cessation de leur développement et de leur mort prématurée ; c'est
donc parce que l'homme a modifié les plantes
et parce qu'il les force à vivre dans des climats,
à des expositions et dans des terres qui ne leur
conviennent pas, qu'il est obligé de leur ad-

ministrer divers soins qui tiennent lieu de ce qui leur est refusé par la nature.

Parmi les moyens employés pour aider la croissance et pour prolonger la vie des arbres, on peut dire que la taille est le plus puissant ; ainsi, en règle générale, le pêcher cultivé chez nous en plein air cesse de vivre à vingt ans, tandis que placé en éventail contre un mur et taillé avec soin il peut vivre cinquante ans. La taille appliquée sur des arbres dont la force vitale est affaiblie, soit par croisement de fécondation, soit par greffes sur des sujets faibles, soit enfin parce qu'ils proviennent de marcottes ou de boutures long-temps répétées, a pour objet de leur redonner cette force qu'ils ont perdue, et de les maintenir dans un terme moyen en force végétative et en force productive. Une taille mal appliquée a donc pour résultat : de laisser mourir d'épuisement, par excès de fécondité, certains arbres, et d'en rendre d'autres complètement stériles par excès de vigueur ; c'est cette dernière cause surtout qui décide maints propriétaires à faire cesser de tailler leurs arbres parce qu'ils reconnaissent, sans pouvoir s'en rendre compte, que cette opération les empêche de fructifier ; ainsi donc, la taille ayant souvent pour objet de diminuer le nombre de fruits, pour les avoir plus beaux, l'opérateur inexpérimenté dépasse le but en amenant bientôt les arbres à la stérilité ; cet état n'est point inquiétant, il est plus facile de réduire un arbre vigoureux que de relever celui qui est épuisé.

C'est pour rectifier ce qu'il y a d'erroné dans cette partie importante de l'agriculture, que nous avons eu l'idée d'offrir au public ce petit *Traité Élémentaire* de la taille des arbres, en vue d'être utile à ceux qui l'exécutent, ainsi qu'aux propriétaires qui l'ordonnent.

TRAITÉ ÉLÉMENTAIRE

DE LA

TAILLE DES ARBRES.

RÉGLES GÉNÉRALES

SUR LA PLANTATION

OU MISE EN PLACE DES ARBRES.

§ I.

On élève les arbres dans les pépinières, on les greffe, on leur laisse atteindre un certain développement, puis on les sort de là pour les planter à demeure. C'est ce qu'on appelle mettre en place.

Il est toujours avantageux de planter les arbres fort jeunes, les greffes d'un an sont ce qu'il y a de mieux; en les mettant en place on rabat la greffe sur deux ou sur trois boutons de sa base.

On comprend la nécesssité qu'il y a de laisser aussi peu de temps que possible les arbres
dans les pépinières, parce que là ils sont très
rapprochés les uns des autres. Privés d'air et
de lumière ils s'étiolent, leurs tiges et surtout
l'écorce sont sans consistance et ne peuvent
résister à la lumière directe lorsqu'on les a
plantés isolément ; l'étiolement est donc le plus
souvent l'unique cause du non succès des plantations ; la recommandation de quelques au-
teurs, de mettre les arbres en place dans le
même rhumb de vent qu'ils étaient, c'est-à-
dire que le côté nord en pépinière regarde
aussi ce point dans la mise en place, a si peu
d'influence dans l'état de choses actuel, que
cette manière de faire est plus propre à satis-
faire l'esprit, qu'utile dans la pratique ; mais
cette influence serait sensible si les arbres que
l'on met en place étaient plus forts et qu'ils
aient été élevés à une grande distance les uns
des autres. Il est facheux de voir la plupart des
propriétaires de la Gironde qui font planter
des arbres, les choisir aussi forts que possible
dans nos pépinières, en vue de jouir plus tôt ;
cette méthode serait bonne assurément si ces
arbres se trouvaient assez espacés ; mais cela
n'a pas lieu : ainsi, sur un hectare consacré à

l'élève des arbres, on en place environ 40000,
tandis que pour les faire venir grands et ro-
bustes le même espace ne devrait en contenir
que 8000 ; de ces deux méthodes il en résulte-
rait cette différence : 40000 arbres sur un
hectare vendus à deux ans produiraient,
à 25 c. pièce, 10,000 fr.; 8000 placés sur la
même surface devraient, pour se fortifier,
rester huit ans, et devraient à ce terme se ven-
dre 5 fr. la pièce, pour produire la même
somme que les 40000, répétée quatre fois en
huit années ; on conçoit qu'il se trouverait peu
de propriétaires qui voulussent donner ce prix
et il y aurait aussi très peu de cultivateurs qui
pussent attendre ce résultat.

§ II.

La mise en place des arbres est une opération plus importante qu'on le croit généralement, elle influe sensiblement sur leur avenir;
le défaut commun dans la Gironde, est de les
planter trop bas. Nous avons eu occasion de
constater souvent que des milliers de jeunes
arbres étaient morts par cette seule cause.

Planter les arbres dans un terrain entièrement défoncé est ce qu'il y a de mieux; mais

le plus souvent on se contente de faire , à la place que doit occuper l'arbre , des fosses plus ou moins grandes qui tiennent lieu du défoncement, afin d'éviter de plus grands frais ; dans cette méthode, la plus généralement suivie, il est bon que les fosses soient grandes; ainsi, 1 mètre 50 centimètres de largeur sur 70 à 80 centimètres de profondeur, peut être le terme moyen ; dans la fouille des fosses on doit mettre d'un côté la terre végétale et de l'autre celle du sous-sol ; il est toujours avantageux de faire les fosses longtemps à l'avance; dans les terres compactes , ces fosses se remplissent d'eau, il faut toujours les vider au moment de la mise en place ; cette opération se fait ainsi qu'il suit : les fosses sont comblées en partie avec la terre végétale, et sur ce remplissage on pose l'arbre de telle sorte que la partie supérieure des racines soit de niveau avec la superficie du terrain dans les terres substantielles , et 1 ou 2 centimètres plus bas dans les terrains légers et secs.

Une seconde attention qui marche simultanément avec la pose, c'est d'établir l'équilibre de l'arbre, c'est-à-dire qu'avant de le mettre en place, on taille les racines ainsi (fig. 1), et comme on est obligé de tailler plus rigoureusement celles qui ont été plus mutilées par l'arrachage, le retranchement de la tige ou de sa ramification doit être proportionné à celui des racines. C'est toujours mal opérer que de couvrir les racines avant de tailler la tige ; la partie supérieure de la fosse est remplie avec la terre du sous-sol, mais autour des racines et dans leurs interstices, on emploie de bonne terre végétale; quand on a fini de combler, on met l'arbre d'aplomb et on tasse légèrement sur ses racines avec le pied.

§ III.

La méthode de mettre des tuteurs à tous les arbres mis en place, a pour partisans la majorité des planteurs dans la Gironde; pénétré que nous sommes de la nécessité de l'air libre pour fortifier tous les êtres organisés, nous ne mettons des tuteurs qu'à ceux qui en ont réellement besoin, car il est évident que le tuteur est un réflecteur nuisible au jeune arbre, il cause souvent la non reprise, des chancres et la gomme; un arbre dont la tige est courbée a besoin d'un tuteur, celui qui est très élevé et sujet à être balancé par le vent qui produit un certain dérangement aux racines et contrarie

la reprise a aussi besoin d'un tuteur; mais
hors ces deux cas, nous nous sommes toujours
très bien trouvé de laisser les arbres sans tuteur.

§ IV.

Pour aider et assurer la bonne reprise des
arbres plantés, il y a deux conditions à rem-
plir : la première c'est d'entretenir en bon
état de propreté et d'ameublissement, par de
bonnes façons ou binages, la terre autour du
pied de l'arbre, sur un diamètre de 1 mètre
50 centimètres; la seconde c'est à la veille
d'une sécheresse de couvrir cette surface d'un
bon paillis. Nous condamnons et nous taxons
de folle dépense les arrosements répétés, car
ils sont plus nuisibles qu'utiles à la reprise.

C'est ici le cas de faire justice d'une opinion
trop généralement accréditée, que les arbres,
élevés dans les terrains de première fertilité,
ne valent rien pour être plantés à demeure
dans des terrains moins bons; cette opinion
est erronée. Pour constituer de bons arbres,
pour avoir une abondante sève afin de réussir
à leurs greffes, il faut des terres riches ou ren-
dues telles par des engrais abondants ainsi que
par des défoncements et une foule de bons

soins de culture ; c'est l'étiolement, ainsi que nous l'expliquons au § 1er, qui est la cause du non succès des plantations, et non parce qu'ils ont été élevés en bon terrain.

DES DIVERSES OPÉRATIONS

QUI CONSTITUENT

LA TAILLE DES ARBRES.

DE LA TAILLE PROPREMENT DITE.

§ I.

1° La taille proprement dite s'applique annuellement à certains arbres tout le temps de leur vie, et à d'autres seulement dans leur jeunesse ; ainsi les espaliers, contre-espaliers, les quenouilles, les pyramides des jardins se taillent toute leur vie, tandis que les plein-vents des vérgers et ceux placés en avenues dans les grandes cultures ne se taillent guère que pendant les dix premières années de leur mise en place.

§ ii.

La taille repose sur l'observation des faits suivants : 1° si l'on coupe rez-terre la tige d'un jeune arbre, il repousse des jets plus vigoureux ; 2° si sur une souche qui a deux tiges, on coupe l'une d'elles, celle qui reste croît plus rapidement ; 3° si l'on supprime la moitié d'une branche à fruit, la partie qui reste donne des fruits plus volumineux.

L'abattage des forêts pour faire du bois de chauffage, l'exploitation en têtards des acacias, des aubiers ou saules, la coupe des osiers ou vimes, pour avoir des échalas, des bois de treillages et les liens nécessaires à toutes les ligatures, ont les mêmes faits pour principes.

§ iii.

Par l'application de la taille on s'attache à donner aux arbres une forme déterminée, soit individuelle soit collective ; ainsi un poirier a la forme d'une quenouille ou d'une pyramide ; une avenue formant berceau est faite avec des pommiers, des tilleuls, des ormeaux, des charmes, etc. On forme des rideaux verts avec certains arbres, tels que l'if, le tuya, etc., des

palissades ou haies vives intérieures sont com-
posées dans beaucoup de localités avec certains
arbres fruitiers, tels que le cognassier, le
pommier, etc. Voyez les *figures* et voyez aussi
la fin du Traité qui passe en revue les divers
arbres soumis à la taille soit annuelle soit périodique, et l'explication qui est donnée sur
chacun d'eux.

§ IV.

La taille annuelle consiste dans la suppression d'une partie des jets de l'année et dans le
racourcissement d'une autre partie ; il est souvent nécessaire de supprimer et de rogner une
partie des branches plus âgées, et surtout des
branches à fruits dans les arbres chétifs.

Dans la pratique, les diverses branches qui
forment la ramification des arbres fruitiers
ont été classées ; ainsi on les divise en branches à bois et en branches à fruits, mais on
fait une distinction de celles des arbres à pepins avec celles des arbres à noyaux; dans les
premiers, les branches à bois sont de deux
sortes : les branches à bois normales qui continuent l'allongement de la charpente de l'arbre, les branches gourmandes qui sont situées
le plus souvent sur la tige ou sur les mères

branches; elles ont beaucoup d'amplitude,
leurs boutons sont peu nourris et éloignés les
uns des autres; les branches à fruits sont de
trois sortes : les brindilles ou branches chiffonnes, les lambourdes et les bourses; les
branches chiffonnes sont presque toujours
garnies de boutons à fruits d'un et de deux
ans; les lambourdes et les bourses portent des
boutons à fruits qui ont ordinairement trois
ans. Ainsi il y a sur les arbres à pepins trois
boutons : celui à bois, le second à feuilles et
le troisième à fleurs : il est facile de les distin-
guer. Voir ces trois branches, ainsi que celles
à bois, aux *figures*.

Par l'application de la taille on modifie les
boutons, ainsi en taillant court une branche
chiffonne, ses boutons à fruits d'un ou de
deux ans deviennent boutons à bois; les branches qui n'ont que des boutons à bois deviennent branches à fruits, si on les taille longues
et qu'on leur applique la courbure.

Les arbres à noyaux ont aussi deux sortes
de branches, celles à bois et celles à fruits;
ainsi dans les premiers on distingue les branches à bois, qui se reconnaissent en ce qu'elles
continuent la charpente de l'arbre et qu'elles
ont vers leur sommet trois boutons à chaque

nœud , celui du milieu qui est plus gros est à fleurs ; les branches gourmandes ont aussi les mêmes caractères que dans les arbres à pepins. Les branches à fruits sont de deux sortes, la première qui a peu de longueur est souvent garnie à tous ses nœuds de boutons à fleurs et à bois, elle a aussi peu de grosseur et sa situation est, comme dans les arbres à pepins , à la base des branches à bois et le long de la membrure ; la seconde , dont les dimensions sont moindres , est appelée petit bouquet.

§ v.

La taille s'effectue en automne au fur et à mesure de la chute des feuilles. Dans cette règle générale il y a une exception ; ainsi, on commence par le prunier , le poirier, le cerisier et le pommier, et on continue jusqu'au 15 décembre ; alors la prudence commande de cesser la taille jusqu'à la fin de janvier, afin de ne pas exposer les coupes ou plaies récentes aux fortes gelées. On reprend le cours de la taille en février, pour la continuer jusques en avril ; l'exception dont nous parlons s'applique au pêcher, à l'abricotier et à l'amandier, qu'il est bon de ne tailler que quand

leurs fleurs sont prêtes à s'épanouir, en vue
de les retarder et de diminuer la force végétative de ces arbres, pour les préserver de
l'état pléthorique auquel ils sont sujets chez
nous et qui se manifeste par la gomme et
d'autres maladies.

Dans le nombre des arbres soumis à la taille,
il en est de chétifs et d'autres qui sont très-
vigoureux. Comme la taille bien appliquée est
le régulateur de la végétation, on doit toujours en opérant chercher à rétablir son équilibre ; ainsi c'est en taillant plus court et plus
rigoureusement les arbres faibles, et au contraire, en taillant plus long, c'est-à-dire en
chargeant davantage ceux qui sont vigoureux
que l'on obtient ce résultat ; on l'atteint encore
plus sûrement si on taille ceux qui sont faibles
en automne et ceux qui sont vigoureux outre
mesure au printemps, après qu'ils ont déjà
développé leurs boutons.

Les praticiens désignent comme suit le sque-
lette de l'arbre taillé : 1° le couronnement supérieur ; 2° les couronnements secondaires,
tertiaires, etc.; 3° la garniture fructifère. Le
couronnement supérieur établi comme les autres sur les meilleures et les mieux placées des
branches à bois, doit être de niveau autant

que possible; mais si on est obligé d'y comprendre quelques branches faibles, ces dernières doivent être taillées en contre-bas pour
les fortifier; quelle que soit la forme d'un arbre,
les branches à bois taillées sont couronnement;
pour régulariser ces branches dans la bonne
direction, le bouton sur lequel s'effectue la
section doit être en haut si la branche tend à
s'abaisser, en bas si elle tend à se redresser,
enfin à gauche ou à droite suivant le besoin.

Pour l'exécution de la taille, il faut être
muni des outils suivants : 1° une serpette,
2° un sécateur, 3° une grosse serpe, 4° une
scie à mains, 5° un croissant, 6° des ciseaux
ou cisaille; la serpette sera toujours l'outil par
excellence pour tailler les arbres; il est vrai
que le sécateur offre l'avantage d'être plus
expéditif, mais il exerce une pression préju-
diciable au bouton supérieur et il ne convient
nullement pour les parties à supprimer; ce
n'est que dans une main habile que le sécateur peut être employé avantageusement et
comme outil secondaire. Comme la taille se
fait en deux opérations en quelque sorte dis-
tinctes, ainsi que nous l'avons dit au § 4, la
serpette fait le nettoyage du bois mort, enlève
les onglets de la taille précédente, supprime

nettement toutes les branches inutiles ; ce qui
reste, le racourcissement peut très bien s'en
faire avec le sécateur , en ayant soin d'éloigner
la section du bouton et de lui donner un plan
incliné du côté opposé ; c'est surtout pour cette
dernière partie de la taille de la vigne , que
l'emploi du sécateur rend de réels services.

DE L'ÉBOURGEONNEMENT.

§ VI.

Ébourgeonner, c'est supprimer les jeunes
bourgeons inutiles et ceux qui sont mal placés , afin d'éviter la confusion et une dépense
de sève au détriment des bourgeons essentiels
et des fruits : cette opération a une grande
influence sur l'avenir des arbres , on a beaucoup à gagner de la faire avec soin, et le temps
qu'on y emploie se retrouve sur la taille, qui
est bien plutôt faite et rendue si facile que
l'opérateur le moins exercé la comprend bientôt ; ainsi, apprendre à ébourgeonner c'est apprendre à tailler.

On commence cette opération aussitôt que
les bourgeons à supprimer commencent à pa-
raître, on la continue jusqu'à ce qu'ils aient

atteint quelques centimètres de longueur, et
on y revient au besoin pendant le printemps.
Lorsque l'on est dans la nécessité d'opérer sur
des bourgeons fortement développés, il est
bon de le faire avec la serpette, afin d'éviter le
déchirement, qui est toujours nuisible à l'arbre.

Nous ne saurions trop insister sur la rigou-
reuse nécessité de pratiquer l'ébourgeonnement; pour être bien pénétré de son importance, il n'y a qu'à observer la marche de la
végétation printannière dans certains arbres;
l'élan de la sève est si prompt, que plusieurs
font toute leur croissance en longueur dans
l'espace d'un mois; on perdrait beaucoup de
ne pas se hâter de les ébourgeonner, car les
bourgeons inutiles sont autant de parasites.
Ce que nous disons de l'ébourgeonnement des
arbres est au moins aussi rigoureux pour la
vigne; on sait que, dans cet arbrisseau, tous
les bourgeons qui sont situés sur la souche,
sont de mauvais bois à fruits que l'on peut
considérer comme branches gourmandes, et
que la vigne n'a qu'à perdre si on les laisse
subsister; aussi les vignerons soigneux s'em-
pressent-ils de mettre tout leur personnel dis-
ponible pour effectuer l'ébourgeonnement de

leurs vignes lorsque le moment est venu, c'est-
à-dire aussitôt que les gelées ne sont plus à
craindre ; c'est ordinairement de suite après
les fêtes de Pâques.

DU PALISSAGE.

§ VII.

Le palissage est une opération qui s'applique aux arbres tenus en espaliers ou éventails ;
il consiste : à lier au, treillage tous les bourgeons développés et à supprimer tous ceux qui
ne sont pas nécessaires pour composer la ramification ; ainsi on ébourgeonne en palissant ;
il est aussi nécessaire de pincer le sommet des
bourgeons aussitôt que les fruits sont noués, et
plus tard pour les faire grossir et ramifier ; le
palissage bien fait donne aux espaliers un aspect agréable, mais c'est surtout par son côté
utile qu'il a de l'importance ; par son moyen
on maintient et on rétablit l'équilibre entre
les diverses parties de l'arbre ; pour cela, on
attache verticalement les bourgeons faibles et
on tient fortement inclinés ceux qui sont vigoureux ; à la fin de l'été on ramène tous les bourgeons dans le même plan d'inclinaison ; c'est

avec des joncs que se font les ligatures sur les
treillages, mais les espaliers qui garnissent
des murs sans treillages se palissent à la loque;
c'est-à-dire que les bourgeons sont fixés au mur
avec des lanières de cuir ou d'étoffe clouées
dans le mur.

DU PINCEMENT.

§ VIII.

Le pincement est la suppression du sommet
ou de l'extrémité des bourgeons et des tiges
herbacées ; le terme *pincement* vient de ce que
l'on rogne cette partie avec le pouce et l'index
quand on opère individuellement ; mais dans
la vigne, après avoir réunis et liés ensemble
les bourgeons d'un cep, on enlève leur sommet au-dessus de la ligature d'un coup de
serpe. Nous regardons cette opération comme
ayant une si grande importance, que nous y
consacrons l'explication qui suit :

C'est un fait acquis par l'expérience des
siècles, que le pincement augmente les produits présents et à venir ; en pinçant une tige
on la fait croître en largeur, parce que l'on
arrête sa croissance en hauteur ; si cette tige
à des fruits, ils profitent de la sève qui reflue

vers la base, ils viennent plus volumineux et
tiennent plus sûrement; il est des plantes dont
le pincement constitue la taille. Exemple : le
melon; on pince le bourgeon vertical pour
provoquer la venue des bourgeons latéraux;
on pince ceux-ci pour en avoir de secondaires,
et les seconds pour en avoir de troisième ordre
sur lesquels viennent les fruits beaucoup plus
tôt que sur les premiers et les seconds; telle est
la taille du melon.

Les plantes légumineuses, telles que les
fèves, les pois, les haricots produisent davantage de graines quand on pince le sommet
de leurs tiges aussitôt que les premières cosses
paraissent; tous les fruits nouent et grossis-
sent mieux si l'on pince les bourgeons qui les
portent et ceux du voisinage aussitôt que les
pétales de leurs fleurs sont tombés; cette opération est à peine connue dans la Gironde où
nous ne la voyons pratiquer que sur les fèves
de marais; les observateurs auront sans doute
remarqué, comme nous, la présence pendant
les mois d'avril et de mai d'un petit insecte du
genre scarabée, le liset, qui, au moyen de sa
trompe, vient piquer tout autour les bourgeons de nos poiriers et pommiers, ce qui fait
mourir leur sommet; c'est un pincement réel

et complet qui assure l'abondance des récoltes
de poires et de pommes ; le liset, *attelabus
æqualus*, est donc un auxiliaire que la nature
nous a donné dans nos jardins et vergers,
pour nous faire comprendre l'importance du
pincement, et souvent son opération est utile.

Les bourgeons prennent plus de grosseur
lorsqu'ils ont été pincés, ce qui influe sur les
produits à venir ; les boutons à bois sont trans-
formés en boutons à fruits par le pincement,
mais pour ce dernier effet le pincement se fait
plus tard, c'est pendant les mois de juillet et
août qu'il a lieu ; il se pratique avec assez de
régularité par les horticulteurs de la Gironde,
qui le nomment taille d'été ; mais plusieurs
dépassent le but en raccourcissant outre mesure.

ÉLAGAGE.

§ IX.

L'élagage est une opération périodique,
applicable aux arbres en plein vent tous les
trois, quatre ou cinq ans ; elle consiste : à
supprimer ce qu'il y a de trop en branches
dans l'intérieur de la ramification, celles qui
sont trop basses ; à raccourcir celles qui s'allon-

gent outre mesure soit autour soit au-dessus
de la ramification. En élaguant, on supprime
avec soin tous les bois morts (dans les arbres
bien tenus, cette suppression a lieu tous les
ans), et on fait tomber, avec une spatule, la
mousse qui peut se trouver sur les branches et
sur la tige.

L'opérateur de la taille, en général, doit
toujours être pénétré de l'importance de l'air
et de la lumière, pour donner à ces deux agents
principaux de la végétation, un libre accès
dans toutes les parties des arbres taillés. Il
faut plus d'intelligence pour l'élagage que
pour la taille proprement dite, ce qu'il y a de
plus difficile, c'est le choix des branches à supprimer; l'explication suivante aidera à faire
ce choix.

En général, les arbres féconds ont leurs
branches inclinées vers le sol; ceux qui ont
une tendance à la stérilité les ont en plan
vertical; ainsi, dans les premiers on supprime
les branches qui baissent davantage, et dans
les seconds celles qui sont les plus droites;
quand il n'y a pas lieu à faire un semblable
choix, on s'attache à conserver les plus saines
et à bien mesurer les distances qu'elles doivent
occuper respectivement, afin de régulariser la

ramification. Comme on le voit, l'élagage est
le régulateur de la végétation des arbres com-
posant nos vergers, les avenues de nos champs,
de nos vignes et de nos prairies ; on ne saurait
l'appliquer avec trop de soin. Cette opération
est profitable, non seulement parce qu'elle
nous donne tous les ans de bons fruits ; mais
elle ne coûte rien, car la main-d'œuvre est
largement payée par les branches supprimées
qui sont un excellent bois de chauffage. Les
amputations doivent être faites en plan incliné, pour les préserver de l'humidité ; celles
qui sont faites avec la scie doivent êtres re-
touchées avec un bon tranchant, pour leur
donner cette netteté qui aide beaucoup à leur
recouvrement ou cicatrisation ; ce résultat
s'obtient plus facilement et plus tôt si l'on re-
couvre ces plaies avec la terre glaise pétrie
avec moitié bouse de vache, que l'on maintient
avec de la mousse ou du vieux linge et quelques ligatures. On procède aux élagages pendant tout l'hiver.

RAJEUNISSEMENT.

§ X.

Cette opération est imitée de l'abattage des forêts qui est un rajeunissement. Lorsqu'un arbre a sa ramification dans un état de décrépitude, on prend le parti de l'amputer soit à sa naissance soit plus haut ; quelquefois on traite un arbre fruitier comme un arbre forestier, en l'abattant sur son tronc dans une partie saine et toujours au-dessus de la greffe ; on rajeunit la ramification des arbres formant rideau, en la coupant rez-tronc ; c'est ce que les horticulteurs de la Gironde appellent rapprochage et rapprochement d'une charmille, d'un rideau de tilleul, etc. C'est aussi pendant l'hiver que se font les rajeunissements.

DE LA TONTE.

§ XI.

La tonte est l'opération par laquelle on vient, à époques fixes, couper en lignes régulières et à parement droit, avec le croissant

ou la cisaille, les jeunes pousses des arbres ré-
duits à une forme rigoureusement déterminée,
tels que les charmilles, les tilleuls en berceau,
les thuyas en rideau, les ifs formant boules
ou imitant des monuments.

Cette opération était autrefois d'une grande
importance; les ouvriers chargés de l'exécuter étaient au premier rang d'adresse; c'était
et c'est encore la besogne la plus difficile, car
c'est toujours perché sur des échelles que l'ou-
vrier doit se tenir. Là où la vie est exposée,
on conçoit qu'il faut avoir de la rectitude dans
les mouvements; pour cela, un long appren-
tissage est nécessaire.

L'ancien style des jardins ayant été remplacé par les constructions de jardins paysa-
gistes, la tonte est aujourd'hui réduite à rien
dans beaucoup de localités; mais dans la Gironde, où l'on attache une certaine vénéra-
tion à ce qui a été établi par nos pères, cette
opération a toujours son importance, car on
voit encore beaucoup de charmilles séculaires
et on en forme de nouvelles, soit avec des ormeaux, des érables, etc.

Quand on fait deux tontes, la première a
lieu du 15 mai au 15 juin, la seconde se fait
du 15 juillet à fin août; lorsqu'on n'en fait

qu'une, elle doit s'effectuer entre les deux
sèves, pendant tout juillet.

DE LA COURBURE.

§ XII.

La courbure ou arcure des branches, se fait
pour amener et maintenir la fécondité des
branches ; on l'applique aux arbres rebelles
à la fructification, et c'est en courbant en demi-
cercle vers le sol et en les maintenant dans cette
position, que les branches deviennent fécon-
des par le ralentissement de la marche de la
sève ; l'emploi de l'arcure est pratiqué régulièrement dans la vigne sur certains cépages,
qui ne donnent leur maximum de produit que
par ce moyen ; c'est toujours avant l'ascen-
sion de la sève que se fait l'arcure.

DE L'INCISION ANNULAIRE.

§ XIII.

L'incision annulaire est ainsi nommée,
parce qu'elle consiste à faire, soit sur une
tige, soit sur une branche ou sur un bourgeon, deux incisions circulaires, et d'enlever

la bague ou anneau d'écorce qui est entr'elles, afin de séparer la sève inférieure de celle de la partie supérieure.

Par cette opération, on se propose deux buts, 1º celui de provoquer au-dessus de l'incision un bourrelet, pour faire de la branche ou du bourgeon opéré, une marcotte ou une bouture l'année suivante ; dans cette vue, l'anneau peut être large de deux ou trois centimètres ; 2º d'amener des branches rebelles à former des boutons à fruits, et d'avancer la mâturité des fruits de l'année ; on comprend que cette opération ne peut se faire que sur des parties séveuses ; ainsi, c'est pendant le printemps qu'elle se fait pour atteindre le premier but ; mais pour le deuxième, l'incision qui ne doit avoir au plus que demi centimètre de largeur, peut se faire jusques au milieu de l'été ; pratiquée immédiatement après la floraison, l'incision annulaire fait nouer les fruits ; ils deviennent plus volumineux et leur mâturité est avancée d'environ quinze jours ; enfin, on assure qu'elle empêche la coulure des raisins et avance aussi leur mâturité si on la pratique pendant la floraison de la vigne ou immédiatement après.

DE L'APPLICATION DE LA TAILLE

AUX

DIVERS ARBRES FRUITIERS.

DES ARBRES A PEPINS.

§ I.

POIRIER. — Le poirier se greffe sur le cognassier, sur l'aubépine, sur franc et sur sauvageon ; greffé sur cognassier, il reste petit
arbre et ne vit pas longtemps, mais il produit
vite du fruit et sa faiblesse le rend fécond; il
forme aussi un petit arbre greffé sur aubépine; sur franc, provenant des pepins de poire
à cidre et sur sauvageon de poirier pris dans
les bois ou les haies, il devient un grand arbre, tardif à fructifier, mais il vit longtemps;
quel que soit le sujet sur lequel un arbre a été
greffé, si ce sujet est jeune et faible, la greffe
ne sera qu'un arbre faible; si, au contraire,
le sujet est fort, la greffe deviendra un arbre
de grande venue. Il est donc nécessaire à celui

qui taille un poirier, de savoir sur quel sujet il a été greffé; dans la Gironde, ce renseignement n'est pas indispensable, car la plupart des poiriers sont sur cognassier; aussi est-il fort rare d'y voir de grands arbres de cette espèce.

Les poiriers faibles sont choisis pour former des espaliers, contre-espaliers, quenouilles, pyramides, entonnoirs ou gobelets; ceux qui sont de grande venue sont ordinairement taillés en gobelets pendant leur jeunesse, après quoi on les laisse croître en plein-vent; les plus faibles sont dits arbres à basse tige, ceux de croissance moyenne sont dits à demi tige; les plus forts sont les haute tige. Les variétés de poiriers féconds et de petite venue sont astreints aux deux premiers termes : ainsi, le beurré, le doyenné, le satin-vert, le Saint-Germain, etc., forment les basses et demi tiges, tandis que le bon-chrétien, le rousselet, le mouille-bouche, le muscat Robert ou gros Saint-Jean, le beau-présent, etc., sont propres à faire des hautes tiges.

§ II.

Pommier. — Le pommier se greffe sur paradis (1) et fait des arbres nains que l'on tient en buisson et avec lesquels on forme des massifs; on peut aussi les cultiver en vase; on fait des demi tiges de pommier en les greffant sur doucin (2); les pommiers à haute tige se greffent sur franc de pepin de pomme à cidre et sur sauvageon; si l'on désire avoir des arbres de plus grande venue, on ne greffe sur ces deux derniers sujets que lorsqu'ils sont forts, leur tige ayant à un mètre du sol douze centimètres de circonférence.

Le pommier se prête à toutes les formes; ainsi on en fait des espaliers, des contre-espaliers, des quenouilles, des gobelets, des palmettes droites et horizontales, des haies ou palissades intérieures, des berceaux, etc.

Dans les départements de l'est, on voit fré-

---

(1) Le paradis est une ancienne variété obtenue de semis, qui est naine et à fruits très-hâtifs; une multiplication par drageons, marcottes et boutures long-temps répétée, l'a rendue encore plus naine.

(2) Le doucin est un plan qui provient de rejetons éclatés autour de la souche du pommier franc de pommes à cidre.

quemment des palissades de pommiers; dans
cet emploi, on provoque le développement de
quelques jets sur la souche en récépant la tige,
ces jets sont inclinés sur un petit treillage, les
pousses de l'un se croisent avec celles de l'autre, on les maintient avec des ligatures, et en
croissant elles se greffent par approche, ce
qui remplit une nouvelle condition de fécondité; nous avons souvent admiré le bel effet
que produit à l'époque de la maturité une
semblable palissade; mais c'est surtout les berceaux de pommiers qui sont beaux à voir, lorsque leur composition est faite avec des variétés qui contrastent. Il serait à désirer que
partout dans la Gironde, où le pommier se
plaît, on en établît des palissades et des berceaux; ce serait un moyen peu dispendieux
d'augmenter nos approvisionnements d'hiver
et de printemps de cet excellent fruit, afin
que son bas prix le mette à la portée de la
classe la moins aisée de la société; l'usage du
pommier sur paradis est à peine connu dans
la Gironde et c'est une chose fâcheuse, car
avec lui on utilise avantageusement les plus
petits espaces dans les jardins de ville; dans
les départements du centre, du nord et de
l'est de la France, on est tellement pénétré de

cet avantage, que partout on y voit à foison les pommiers sur paradis.

§ III.

COGNASSIER. — Le cognassier est cultivé pour son fruit, qui est propre à faire des confitures et des compotes; on le multiplie de boutures, de marcottes simples et de marcottes par cépée, c'est surtout pour en obtenir des sujets pour greffer les poiriers qu'on le multiplie en grand; on greffe sur le cognassier commun celui du Portugal, qui vient plus grand et donne de plus beaux fruits; on greffe aussi sur lui le cognassier de la Chine, dont les fruits en forme de petits barils sont très odoriférans et se gardent longtemps dans les appartements, puis ensuite s'emploient pour les confitures. La taille des cognassiers est on ne peut plus facile, elle consiste à former la ramification en boule et la tenir éclaircie pour donner accès à l'air et à la lumière, ou bien on tient en haies élevées le cognassier commun.

§ IV.

NÉFLIER. — Tout le monde connaît le fruit du néflier commun qui vient dans les bois;

par la culture, on a obtenu de nouvelles variétés à fruits plus gros et moins âpres, que
l'on greffe sur cognassier, sur épine blanche,
sur poirier et sur tous les néfliers indigènes.
On est obligé de dresser la tige de cet arbre
sur un tuteur, que l'on maintient jusqu'à ce
qu'il se tienne de lui-même; sa taille est toute
dans l'élagage; les fruits du néflier ont, comme
ceux du cormier ou sorbier, § vi, des propriétés
très astringentes; mais il ne sont bons qù'a-
près les avoir fait blossir sur la paille; on les
ceuille, dans la Gironde, du 15 octobre au 15
novembre.

§ v.

GRENADIER. — Arbrisseau du nord de l'Afrique, il y en a plusieurs variétés, l'une d'elles
est cultivée pour la beauté de ses fleurs dou-
bles, rouge écarlate, qui en font une plante
fort distinguée. Les autres variétés à fleurs
simples sont cultivées pour leur fruit, que
tout le monde connaît à Bordeaux.

C'est toujours au pied des murs à l'exposition du midi, que le grenadier est placé;
ainsi on le taille en espalier ou en tête arrondie.

§ VI.

CORMIER OU SORBIER domestique. — Fort
bel arbre fruitier de nos bois, que la forme
élégante de sa ramification, ainsi que la ressource qu'offre son fruit ont fait admettre
dans les vergers. Cet arbre ne se taille pas et
n'a que rarement besoin d'élagage; il est très
long à croître, aussi se contente-t-on des forts
drageons pris aux alentours des anciens pieds
des forêts. Le cormier est admis assez régulièrement dans les collections d'arbres fruitiers
dans la Gironde; on pourrait également y admettre les suivants, qui se traitent de même,
qui sont très élégants et dont les fruits sont
aussi très bons quand ils ont mûri sur la paille;
ce sont : l'*alouchier* des bois; l'*alisier* de Fontainebleau; l'*alisier blanc*; et les *azeroliers*.

§ VII.

ORANGER. — Presque tous les orangers que
nous possédons sont greffés sur citronnier,
ils croissent plus vite sur ce sujet; la taille de
l'oranger consiste à lui aider à former une
tête arrondie ou oblongue, à éclaircir l'inté-

rieur pour que l'air y pénètre ; on lui applique le rajeunissement ou rapprochement tous
les six ou huit ans; chez les horticulteurs, la
forme des orangers est moins régulière, parce
que la vraie récolte pour eux , c'est la produc-
tion des brins fleuris.

DES ARBRES A NOYAUX.

§ VIII.

Du Pêcher. — Pour les terrains où se plaît
le pêcher, il se greffe avec avantage sur plans
ou sujets de pêcher du semis des noyaux; pour
les terres calcaires sèches, on le greffe sur
amandier ; pour celles où l'argile domine, la
greffe se fait sur sujets de prunier de Damas
ou de Saint-Julien.

Le pêcher est astreint à deux formes principales : l'espalier, et le plein-vent tenu plus
ou moins bas et plus ou moins rapproché de
la forme sphérique. Par de bons soins de culture, par une taille bien raisonnée, on peut
très bien conserver le pêcher en éventail; mais
il n'en est pas de même pour les pleins-vents.
Depuis une douzaine d'années les pêchers sont
décimés à Bordeaux et sa banlieue; pendant

plusieurs années, les jeunes éléves ont été entièrement détruits dans les pépinières; nous
ne croyons point que l'on doive attribuer ce
fait aux vents salés, qui en seraient l'unique
cause en agissant sur les bourgeons et sur
les fleurs; les plaines de Barsac et de Preignac
sont garnies de très beaux pêchers, malgré
le vent de la mer; mais dans ces mêmes localités, on ne récolte pas de pêches si les fleurs
épanouies ont été saisies par des gelées prin-
tanières; ce sont donc les gelées tardives qui
tuent les fleurs ou les ovaires de nos pêchers
et de nos abricotiers; ce sont aussi elles et les
transitions brusques de la température qui
frappent de mort les pêchers dans les terrains
qui ne leur conviennent pas parfaitement.
Pour prémunir les pêchers contre ces intem-
péries, nous ne connaissons que les mesures
suivantes : 1º les tailler fort tard, c'est-à-dire
lorsqu'ils ont déjà des fleurs épanouies; 2º les
ébourgeonner et les pincer aussitôt que le
temps devient froid, et 3º tenir la terre bien
ameublie; pendant les nuits froides, on fait
bien de couvrir les espaliers fleuris, soit avec
des toiles soit avec des paillassons.

Pour conserver les pleins-vents de pêcher,
il faut les tailler rigoureusement chaque an-

née, afin de les maintenir vigoureux et em-
pêcher qu'ils s'emportent en hauteur, ce qui
est leur défaut commun.

On distingue les pêchers en quatre espèces
ou séries, qui sont : 1° les duveteuses à chair
se détachant du noyau, cette série renferme
le plus grand nombre de variétés, on les dit
à Bordeaux pêches femelles ; 2° les duveteuses
à chair ferme adhérente au noyau, on les appelle à Bordeaux pêches mâles ou persèques ;
3° les pêches lisses à chair quittant le noyau,
et 4° à peau lisse, chair adhérente au noyau,
connues à Bordeaux sous le nom générique de
brugnons femelles et mâles. Voyez du reste la
liste des noms qui terminent l'ouvrage.

§ IX.

ABRICOTIER. — L'abricotier est quelquefois
franc de pied ; on le greffe sur sujet du semis
de ses noyaux ; mais le plus grand nombre est
greffé sur prunier ; et pour avoir l'abricotier dans toute sa force, on le greffe sur le
prunier de Virginie, connu à Bordeaux sous
le nom de mirobolan ; cette espèce, qui n'a
rien de commun avec nos pruniers, est excellente pour sujet, en ce qu'elle ne drageonne

nullement; l'abricotier ayant la même origine que le pêcher, quoique plus rustique que ce dernier, il se taille de même (1).

§ x.

PRUNIER *(indigène)*.—Le prunier, cultivé de temps immémorial, a produit de nombreuses variétés, qui se greffent sur sujets des variétés dites saint Julien, Damas, et généralement sur les plans du semis de tous ses noyaux; mais, comme pour les abricotiers, il est avantageux de donner la préférence aux sujets du

---

(1) Ce qui constitue la confusion dans l'application de la taille du pêcher, c'est que la plupart des opérateurs ne savent pas que le pêcher peut très bien supporter le rajeunissement ou rapprochement, ainsi que maints exemples nous l'ont démontré, d'après lesquels nous ne craignons pas d'exécuter, soit avec la serpe, soit avec la scie, des amputations majeures; nous avons bien des fois rabattu des pêchers rez-terre dont la souche a repoussé de beaux jets, et, en en conservant le plus beau, nous avions une nouvelle tige excellente. L'amputation faite à la bifurcation des mères branches, donne presque toujours de nouvelles pousses qui prolongent beaucoup la vie de cet arbre. Ceux qui comprennent le pêcher n'ont jamais leurs espaliers dégarnis à leur base, ni en aucune part, et c'est par des rapprochements intelligents qu'ils obtiennent ce résultat.

mirobolan, sur lesquels on aura toujours des arbres d'une plus grande venue.

Le prunier ne se prête guère pour sa taille qu'à la forme de l'éventail devant les murs, où la maturité est avancée au midi et retardée au nord ; partout ailleurs, il faut le tenir en plein-vent et l'élaguer soigneusement.

§ XI.

AMANDIER (d'Asie). — Comme le pêcher et l'abricotier, cet arbre aime les terrains secs dans lesquels la partie calcaire domine ; on le tient en espalier contre les murs ; mais c'est en plein-vent que le plus grand nombre est tenu et traité comme le pêcher et l'abricotier ; les fleurs de l'amandier épanouissent si hâtivement, qu'elles sont souvent tuées par les gelées ; il est assez commun de voir en janvier ou en février à Bordeaux l'amandier fleurir, c'est pourquoi la récolte des amandes est une rareté chez nous.

§ XII.

CERISIER. — Les cerisiers se divisent en trois sections ou séries, qui sont : les mérisiers dont le type est dans nos bois ; les bigarotiers, et les cerisiers indigènes de nos montagnes ; ces trois espèces se sont croisées avec une quatrième qui vient d'Asie, et ont produit de nombreuses variétés qui se greffent sur mérisier, pour en obtenir des arbres de grande et longue venue, propres à faires des pleins-vents.

Une espèce des montagnes du levant de la France, le cerisier mahaleb ou sainte Lucie, est multipliée en grand pour recevoir les greffes de tous les cerisiers. Comme le mahaleb est un petit arbre, on a par son moyen des cerisiers nains, que l'on peut assujettir à une taille réglée; ainsi on en forme des espaliers, des quenouilles et des entonnoirs qui n'ont pas une grande durée, mais qui sont très féconds.

§ XIII.

Vigne. — Parler de vigne à Bordeaux, on est sûr d'être compris, car tout le monde connaît ce précieux arbrisseau ; nous avons besoin seulement de constater sa taille dans le vignoble, qui s'applique de deux manières, soit en coursons ou pieds ronds, soit en taille

longue ou à bras ; on sait que certains cépages ne sont féconds qu'autant que les sarmens
taillés sont étendus horizontalement, et d'autres pliés en demi cercle le bout vers le sol ;
la forme qu'affecte la vigne est en espalier et
en gobelet ; souvent elle est irrégulière dans le
vignoble planté à la volée ; ce que nous avons
à dire de la taille de la vigne s'applique aux
raisins de dessert cultivés dans les jardins et
vergers ; ici on en forme des quenouilles, des
espaliers, des cordons et des berceaux ; quelle
que soit la partie qu'occupe un espalier de vigne, le treillage doit être garni partout sans
confusion. Pour arriver à ce résultat, nous ne
voyons rien d'aussi parfait que la méthode
suivie à Thomery, pour la culture du chasselas
de Fontainebleau. *Voyez la figure* que nous en
donnons.

La taille de la vigne, comme celle des
arbres soumis à la taille proprement dite, consiste en deux opérations qui sont : la suppression d'une partie des sarmens et le raccour-
cissement des autres. Comme il est facile de
séparer ces deux opérations, on ne manque
pas de le faire dans tous les lieux gélifs, pour
sauver les vignes de ce fléau ; ainsi on y parvient en supprimant à loisir pendant l'hiver

et en ne raccourcissant qu'au printemps lorsque les bourgeons du sommet ont poussé; enfin, si cette mesure n'a pas été prise, ou si malgré elle une forte gelée vient à détruire la majeure partie des bourgeons, le meilleur parti à prendre dans ce cas, c'est de retailler sur les boutons de la base.

§ xiv.

Groseillier. — Il y a plusieurs espèces de groseillier; celle qui est la plus généralement cultivée, est le groseillier à grappes, appelé à Bordeaux raisinette. On en fait des palissades intérieures; on le tient en buisson; si on l'élève sur une tige pour le tailler, soit en quenouille, soit en tête ronde, il produit davantage; la taille du groseillier peut se faire à coups de cisaille, car on n'a que le sommet des jeunes pousses à raccourcir; le groseillier blanc, à grappes, est plus productif que le rouge; les groseilliers épineux sont aussi cultivés en préférant les variétés à gros fruits; on renouvelle périodiquement les groseilliers soit par marcottes, éclats, drageons, boutures et par graine; c'est le moyen de récolter davantage, car les touffes perdent leur fécondité à cinq ou six ans ; les pieds élevés en tige peuvent durer en bon rapport beaucoup plus long-temps, parce qu'il est plus facile de donner aux racines une terre nouvelle.

§ xv.

ÉPINE VINETTE. —Indigène des lieux les plus secs où il forme des buissons épineux, se couvre de fruits aigrelets très convenables pour faire des confitures ; on taille à la cisaille, on peut faire des haies excellentes avec toutes les variétés d'épine-vinette ; cet arbuste mérite d'être plus cultivé dans la Gironde, où il est peu connu. Il convient surtout pour utiliser les terrains rocailleux.

§ xvi.

FRAMBOISIER (*indigène.*) Cet arbuste est justement apprécié à Bordeaux et la banlieue où sa culture est bien suivie ; sa taille se fait à la cisaille sur les pousses nouvelles pour les faire ramifier, et on coupe en bas celles qui ont fructifié ; le framboisier vient partout ; mais par son moyen, on tire parti des expositions ombragées où il va très bien ; on change sa

terre par l'addition d'amendements terreux légers, c'est le moyen de le faire durer davan—
tage en bon rapport.

§ XVII.

Figuier. — Le figuier croît spontanément
au midi de l'Europe, en Asie à la même lati-
tude et au nord de l'Afrique; il est justement
apprécié dans le département de la Gironde,
où il réussit assez bien, seulement il y est tué
par les hivers très rigoureux qui n'épargnent
que les pieds qui se trouvent placés dans les
jardins à l'exposition du nord, parce que là,
il n'est pas exposé aux alternatives du gel et
du dégel; mais les arbres gelés repoussent de
la souche de forts beaux jets, qui ont bientôt
remplacé la partie frappée.

Le figuier n'a besoin que d'être élagué
comme les arbres en plein-vent.

§ XVIII.

Murier noir d'Asie. — On multiplie le mûrier par marcottes, pour le planter le plus
souvent dans les alentours des habitations, où
il procure un ombrage salutaire aux oiseaux

de basse-cour, et une nourriture saine par l'excédent de ses fruits, qui sont très bons; on admet aussi le mûrier rouge d'Amérique au même emploi; le mûrier blanc a des fruits très bons pour les volailles et ses feuilles servent à nourrir les vers à soie. La taille des mûriers consiste dans des élagages, des rapprochements et des rajeunissements; celui destiné aux vers à soie se rabat en têtard tous les deux ans.

FRUITS EN CHATONS.

§ XIX.

Les premiers fruits de cet ordre sont :

CHATAIGNIER et NOYER. — Ces arbres sont de la grande culture; l'essentiel pour leur taille, c'est de faire élever leur ramification, de l'éclaircir par des élagages soigneux et de ne jamais laisser de bois mort.

§ XX.

NOISETIER. — Les meilleures variétés de cet arbrisseau sont cultivées dans les jardins et les vergers; c'est, franc de pied, planté en rideau ou formant touffe dans les plus mauvaises expositions, qu'il est ordinairement cultivé; on conçoit qu'ainsi employé, on n'a besoin que de lui administrer des élagages.

§ XXI.

PISTACHIER CULTIVÉ. — Cet arbre des bords de la Méditerranée où il se cultive régulièrement, soit en espalier soit en groupe, afin de rapprocher les pieds à fleurs mâles des pieds femelles, pourrait très bien se cultiver dans la Gironde, où il offrirait une ressource fraîche de plus; ce serait en espalier, à l'exposition du midi, que son fruit acquerrait une bonne mâturité.

Le pistachier est en outre un arbre d'un bel aspect par son beau feuillage ailé et persistant; on peut le greffer sur le pistachier térébinthe, pour le rendre plus robuste contre le froid; on peut aussi, par économie de l'emplacement, opérer artificiellement la fécondation, en secouant légèrement sur les fleurs femelles un rameau de fleurs mâles, lorsque le pollen ou poussière fécondante est en mâturité.

DES DIVERS FRUITS.

Les fruits les plus abondants pour la provision, sont les pommes et les poires, qui sont, pour beaucoup de localités en France, une branche importante de revenus; c'est surtout par de bons procédés de conservation que l'on s'assure une vente lucrative. Le plus petit nombre des pommes à couteau mûrit en été et en automne; pour ce fruit, comme pour la poire, ce n'est pas en sortant de le cueillir qu'il a toute sa bonté, car il est trop chargé, avec son suc propre, d'eau de végétation qu'il est bon de laisser évaporer; nous avons souvenir, qu'étant jeune, nous avions presque toujours, en été et en automne, soit dans des tas de foin, soit dans la paille, des provisions de fruits, désignées en terme local *fanère*; une de ces fanères alimentait notre gourmandise pendant quinze jours ou un mois; sur la fin de la consommation, les fruits étaient remarquablement meilleurs qu'au commencement.

Les pommes sont le vrai fruit de garde, on en a communément jusqu'à la mâturité des nouvelles, ce qui arrive fin juillet.

Parmi les poires à couteau, nous avons celles d'été qui se font vite ; il faut les consommer de même, car elles ne tardent pas à devenir blettes ; celles d'automne, dont la complète mâturité arrive du milieu à la fin de cette saison ; d'autres mûrissent dans le fruitier pendant l'hiver et le printemps ; enfin il est des variétés de poires qui ne mûrissent complètement que par la cuisson ; telles sont le catillac, le rateau ou poire à la livre, le bon chrétien d'Auch, d'Angleterre d'hiver, ou poire des jardins, etc.

Les agents de la décomposition sont l'humidité, l'air, la chaleur et la gelée ; pour la bonne conservation des fruits, il faut qu'ils soient à l'abri de ces quatre agents ; nous ne connaissons aucun local qui réunisse ces conditions à un si haut degré que l'intérieur d'une glacière.

Il faut aussi garantir les fruits charnus de toute mauvaise odeur, ne jamais les entasser ; mais les placer à côté les uns des autres sur des tablettes garnies de paille ou couvertes de papier gris.

Ce qu'il y a de plus difficile à conserver, ce sont les raisins, à cause de leur suc abondant ; pendre à des cerceaux par le bout opposé à la

queue, est un bon moyen; le meilleur endroit
pour les raisins, est un local élevé, sec et
obscur; avec eux, on peut mettre sur le plancher, dans des futailles ou dans des sacs les
fruits secs : tels que noix, noisettes, amandes,
châtaignes, etc.

Les raisins cueillis par un beau temps sec,
exposés quelques jours à l'air dans un appar-
tement pour laisser évaporer l'eau de végétation, placés ensuite sur le plancher d'un fruitier abrité de la gelée, entre deux couches de
paille fraîche brisée, soit de froment soit de
seigle, puis recouverts d'un drap de lit, se con-
servent fort longtemps; pour la consommation
on commence d'un bout, en découvrant seulement l'endroit où on les prend.

QUELQUES MOTS

SUR

LES MALADIES DES ARBRES.

Comme nous l'avons dit page 6, pour ses
besoins, l'homme force les plantes à vivre
dans des terrains, à des expositions et dans

des climats qui ne leur conviennent pas ; elles
sont donc souvent dans un milieu anormal ;
c'est pourquoi il doit leur appliquer une culture et des soins artificiels. Par leur grand et
durable développement, les arbres en exigent
beaucoup plus que les autres plantes, leurs
maladies comme leur mort, ne peuvent être
attribuées qu'à des accidents ; ainsi, lorsque
le milieu dans lequel ils doivent vivre ne remplit pas les conditions voulues, la chétiveté,
une sorte de rachitisme se manifeste et bientôt des myriades d'insectes viennent vivre de
leur reste de moyens d'existence ; les intem-
péries climatériques, sont une autre cause de
maladie, parce que l'équilibre du concours
nécessaire des agents de la végétation est subitement détruit ; souvent aussi des influences
météorologiques donnent lieu à des multipli-
cations prodigieuses de germes, séminiforme
de plantes parasites aériennes qui viennent
couvrir les plantes, tel est dans ce cas, le
blanc ou lèpre qui vient s'attacher sur toute
la surface des feuilles de certains de nos arbres
fruitiers, et que l'on voit se développer au
commencement du printemps à la faveur de
certains brouillards.

La variabilité de la température, ses brus-

ques transitions pendant le printemps dans le
département de la Gironde, rendent son cli-
mat on ne peut plus fatigant pour la santé des
arbres fruitiers ; pour les avoir beaux, il faut
ici plus de soins que partout ailleurs, car souvent à la suite de quelques jours d'une chaleur
de la zône torride, succèdent des journées très
froides.

Parmi les insectes dont les larves vivent au
dépens des arbres, on peut citer : dans la classe
des coléoptères, les *hister*, les *erotylus*. les
mordella, les *dendrophagus*, les *cerambyx*, les
galeruques; enfin plusieurs *chrysomela* et les
attelabus; ceux de l'ordre des lépidoptères,
dont les chenilles vivent les unes des feuilles
et les autres dans les tiges, sont : *bombyx neus-
tria*, les *phalenna hyemalis*, *castralis* et *geome-
tra*; les *pyralis*, les *tinea padella*; les *cossus
ligniperda*, les *pythiocampa*; les chenilles poi-
lues vivent sur les arbres; les chenilles razes,
au moins une bonne partie, vivent dans la
tige. Toutes ces larves sont désignées à Bordeaux par le terme générique et local de *quey-
rottes*.

Dans la classe des hémiptères, de nombreux
pucerons viennent attaquer nos arbres ; mais
ceux-ci attaquent aussi bien les arbres vigou-

reux que les faibles ; parmi eux se trouve le
redoutable puceron lanigère ou plutôt cotoni-
fère, *mioxilus mali*, dont les ravages sont
immenses.

Depuis dix ans, nous avons cherché les
moyens de combattre cet ennemi de nos pommiers, et parmi divers procédés employés,
voici ce qui nous a le mieux réussi : à diverses
époques de l'hiver, nous avons fait macérer
pendant quatre jours des pommiers taillés
pour être replantés ou mis à demeure, les uns
étaient entièrement infestés du puceron, d'autres en partie et quelques-uns n'en étaient pas
atteint visiblement, dans une forte décoction
de suie qui contenait seulement les racines ;
ce procédé employé en automne, à la fin de
l'hiver, au commencement du printemps, ne
nous a réussi qu'en partie ; employé en hiver
pendant la gelée, il nous a complètement
réussi, c'est-à-dire que sur les pommiers ainsi
traités, tous ont été exempts de l'insecte pendant
six ans, et la septième année il en est revenu à
quelques-uns ; enfin, nous avons planté des
pommiers attaqués, et employé la suie sèche,
une pelée sur les racines de chacun ; depuis
dix ans l'insecte n'a pas reparu, d'où nous
concluons que pour tous les jeunes arbres qui

peuvent se transférer, la macération est bonne employée pendant les gelées ; mais qu'il faut ensuite mettre de la suie sur leurs racines pendant l'hiver tous les trois ou quatre ans ; pour ceux trop âgés pour les déplanter, l'emploi de la suie répété fréquemment, de bons labours, un élagage soigneux ou une taille très courte, devront les en débarrasser (1).

---

(1) Les diverses tentatives faites contre le puceron du pommier, nous ont fait comprendre que le moyen le plus puissant était d'agir sur la sève de l'arbre en lui communiquant une substance capable de détruire l'insecte sans nuire à la santé de la plante ainsi qu'à son fruit ; la suie nous a paru propre à produire cet effet ; le résultat a justifié nos prévisions ; il restait à chercher son mode d'application ; la macération des racines dans une décoction de cette substance nous ayant beaucoup mieux réussi en hiver qu'au printemps et à l'automne, nous porte à croire que la saturation est plus complète lors du mouvement insensible de la sève, parce que si on est près du mouvement sensible de ce fluide, son abondance vient laver l'âcreté de la suie et diminuer son effet ; si l'on a à traiter des pommiers plus âgés qui sont à demeure, en mettant la suie à la portée des spongioles des racines pendant l'hiver, si, joint à ce moyen, on applique la décoction au tronc après les fortes gelées, au moyen d'un entonnoir soudé autour de la tige, où l'on aurait pratiqué une petite incision annulaire, serait, nous croyons, le complément pour la destruction de cet insecte ; nous continuerons nos expé-

Les plaies causées aux arbres se guérissent parfaitement en maintenant sur elles une sorte de cataplasme de terre glaise, pétrie avec moitié excréments de la race bovine.

Dans le traitement des végétaux, le plus important c'est de les soigner convenablement pour les conserver en santé; les soins bien appliqués sont leur hygiène; s'ils sont atteints d'affections soit locales soit générales, l'essentiel est de chercher à en découvrir la cause; un cultivateur intelligent sait ensuite appliquer le remède; du reste les ouvrages spéciaux ne nous manquent pas, mais dans tous ceux que nous connaissons, aucun ne parle d'une maladie que tout pépiniériste connaît à ses dépens, et contre laquelle aucunes données n'ont été émises.

Cette maladie, qui fait mourir, on peut dire instantanément, bon nombre d'arbres au moment de leur forte végétation, et notamment les érables et les cerisiers, peut être comparée à l'apoplexie; après avoir observé long-temps ce fait, nous avons cru reconnaître la cause

———————————

riences, et nous engageons nos collègues à faire de même.

qui nous paraît assez évidente : nous croyons
que la circulation des fluides cesse subitement,
parce que l'équilibre entre le sol et l'atmosphère est détruit. Ainsi, ce dernier milieu étant
chaud et agité par l'air, le sein de la terre
est plus froid, et privé d'air et d'humidité; ce
qui justifie cette assertion que l'air, surtout
lorsqu'il ne peut pénétrer la couche où sont
les racines, est une des principales causes,
c'est que le nombre des arbres frappés a toujours été plus grand dans les terres compactes. Ainsi, en rendant la terre perméable par
de bons labours à la veille des chaleurs, en
plantant les arbres moins profonds, on les
garantit de ces attaques, l'expérience nous l'a
démontré; nous invitons les praticiens, nos
collègues, à pousser plus loin l'observation.

Enfin, est-ce une autre maladie ou est-ce
la même que la précédente qui atteint aussi
les arbres en pleine végétation, souvent quand
ils sont chargés de leurs fruits au tiers ou à
demi venus, mais dont l'effet semble moins
subit; la plupart de ceux que nous avons visités
avaient leurs racines plus ou moins couvertes
d'un champignon semblable à la moisissure
blanche, lequel est sans doute un poison sou-
terrain; quoi qu'il en soit, le fait n'existe pas

moins et doit être combattu , or , en tenant la
terre en constante perméabilité et en lui four-
nissant de l'humidité par des arrosements co-
pieux de loin en loin , on empêchera sans
doute la naissance de ce champignon. Cette
seconde maladie est sans doute une variété de
la première , car elle sévit à la même époque (1).

---

(1) La mort subite des arbres , qui cause chaque année dans les pépinières de si grands dégarnis, est un
véritable fléau, ce n'est qu'en recueillant une masse
d'observations et d'expériences que l'on parviendra à le
combattre avec succès. M. Jaumard, jardinier en chef
de la pépinière départementale, qui a observé le mal,
en a préservé les arbres, sujets à ces attaques, par l'application de l'assolement, et cela en cultivant un an ou
deux, à la suite des récoltes d'arbres, les fourrages
légumineux, tels que trèfle incarnat, vesces, fèves, et
surtout par l'enfouissement de ces plantes lorsqu'elles
sont à leur maximum de développement herbacé.
M. Jaumard, en habile observateur, a bien compris
que les engrais verts sont un excellent amendement, et
que les plantes légumineuses étaient les plus propres à
détruire complétement les germes propagateurs du
champignon. Les expériences ont tout à fait justifié ses
prévisions; ainsi, contre ce fléau, nous avons à em-
ployer : 1° l'assolement ou alternat des cultures ; 2° l'en-
tretien du sol dans un état perméable; 3° arrosement
au commencement et pendant les sécheresses dans des
rigôlles qui parcourent les rangées d'arbres, et 4° emploi du plâtre pulvérisé après cuisson dans les terrains

ÉCOLE

D'ARBRES FRUITIERS.

On appelle école d'arbres, la réunion dans un même local de toutes les espèces et variétés de fruits classés méthodiquement pour en faire une étude spéciale, pour les propager et leur administrer les soins qu'ils réclament.

Tous les cultivateurs d'arbres comprennent la nécessité et l'importance d'une semblable collection ; mais son établissement n'a pu être effectué que par ceux qui ont des propriétés à eux dont l'étendue est suffisante. Pour tenir lieu de la surface, on peut faire son école en greffant plusieurs variétés sur des arbres déjà forts ; ainsi sur dix poiriers, d'environ quinze ans, qui auraient dix membres, on pourrait y placer cent variétés de poires. Cette idée qui nous est venue, nous avons commencé à y

---

secs, et la chaux dans les sols humides ; pour ces deux derniers emplois, les fonds de cuites mêlés à la cendre des fours à plâtre ou à chaux, sont ce qu'il y a de plus convenable pour l'effet que l'on se propose, ainsi que par l'économie qui en résulte.

donner suite comme objet d'essai il y a six
ans ; le plus difficile, c'est de maintenir l'é-
quilibre de la végétation des diverses variétés ;
on y parvient en taillant en conséquence.
Nous avons plusieurs poiriers qui portent plusieurs variétés, parmi lesquels s'en trouvent
deux, greffés de six ans, qui ont chacun huit
variétés en parfait équilibre ; pour obtenir ce
résultat, nous chargeons à la taille celles qui
sont vigoureuses, et nous soulageons par une
taille courte celles qui sont faibles.

On aide encore au maintient de l'équilibre
en greffant les variétés les plus vigoureuses
sur les membres les plus faibles.

Bordeaux possède une fort belle école d'arbres fruitiers créée par M. Gérand, horticul-
teur distingué, dans un enclos qu'il possède
rue Lassep ; aussitôt que cette collection sera
complète, ce propriétaire se propose d'orga-
niser, au profit de tous, une étude régulière
des fruits, ainsi qu'une école de la taille des
arbres fruitiers. Tout le monde est admis à
visiter cette école, l'une des plus belles du
midi de la France.

TABLEAUX

DES

PRINCIPALES ESPÈCES DE FRUITS

ET LEURS VARIÉTÉS.

NOMS FRANÇAIS.	SYNONYME BORDELAIS.	FORME QUI LEUR CONVIENT.	ÉPOQUE de la MATURITÉ.
POIRIERS.			
Amiré Joannet..	Saint-Jean (petit)..	Haute-tige.	Fin juin.
Muscat Robert.	Saint-Jean gros doré..	idem.	idem.
Petit blanquet..	Petit roi Louis..	Haute-tige et demi-tige.	Juillet.
Gros blanquet..	Gros roi Louis..	idem.	idem.
Magdeleine.	Citron des carmes..	Haute-tige.	Fin juillet.
Muscat fleuri.	Mouille-bouche..	idem.	Août.
Épine d'été.	Satin vert..	Quenouille et espalier.	idem.
Cuisse madame..	Verte longue..	Demi et haute tige.	idem.
Cuisse madame..	Beau présent..	idem.	idem.
Beurré blanc d'été..	Gilardine..	Quenouille et espalier.	idem.
Gros rousselet..		Haute tige.	idem.
Petit rousselet..		idem.	idem.
Orange musquée..		idem.	idem.
Amiré roux poire ognon..	Poire Notre-Dame..	idem.	idem.
Belle de Bruxelles..	Belle d'août.	Demi tige, quenouille.	idem.
Bellissime d'été..		Haute tige.	Septembre.
Doyenné blanc..		Quenouille et espalier.	idem,

NOMS FRANÇAIS.	SYNONYME BORDELAIS.	FORME QUI LEUR CONVIENT.	ÉPOQUE de la MATURITÉ.
Doyenné gris.		Quenouille et espalier.	Septembre.
— saint Roch..		idem.	Août.
Fondante de Bresse.		idem.	idem.
Bon chrétien d'été.		Haute tige.	idem.
— d'Espagne.		idem.	Septembre.
Epine rose.		idem.	idem.
Beurré gris.		Quenouille et entonnoir.	Octobre.
Messire Jean Chaulis.		idem.	idem.
Beurré royal.		idem.	idem.
— d'Arembert.		idem.	idem.
— d'Amaulis.		idem.	idem.
— Napoléon		idem.	idem.
— d'Ardempont		idem.	Septembre.
— de Coloma.		idem.	idom.
— d'Angleterre.	Poire des jardins.	idem.	idem.
— Saint-Quentin.		idem.	idem.
— de Rans.		idem.	Novembre.
Espérine.		idem.	Septembre.
Sicker pear.		idem.	idem.
Spingola.		idem.	idem.
Beurré blanc St. Michel.	Poire crapaud.	idem.	Octobre.
Doyenné musqué.		idem.	idem.
— d'hiver.	Bergamotte de la Pentecôte	idem.	Printemps.
Bergamotte d'été		idem.	Fin août.

NOMS FRANÇAIS.	SYNONYME BORDELAIS.	FORME QUI LEUR CONVIENT.	ÉPOQUE de la MATURITÉ.
Suite des Poiriers.			
Bergamotte d'Angleterre .		Quenouille et espalier. . .	Septembre.
— d'automne. . . .		*idem*.	Novembre.
— sylvange.		*idem*.	*idem*.
— de Pâque. . . .		*idem*.	Printemps.
— de Hollande. . . .		*idem*.	Juin.
— crassanne. . . .		*idem*.	Janvier.
Marquise royale d'hiver.	Marquise.	*idem*.	*idem*.
Cassante de Brest. . . .		*idem*.	Septembre.
Caillot rosat.		*idem*.	*idem*.
Poire figue.		*idem*.	Fin août.
Verte longue panachée.	Poire cujol.	*idem* et haute tige. . .	Décembre.
Angélique de Bordeaux.	Saint-Martial.	*idem*.	Janvier.
Duchesse d'Angoulême.		*idem*.	Octobre.
Virgouleuse.		Haute tige.	Mars.
Mansuette solitaire. . . .		Quenouille et espalier. . .	Janvier.
Louise bonne.		*idem*.	Novembre.
Saint-Germain.		*idem*.	Janvier.
Bezi de Chaumontel. . .		Haute tige.	Nov. et Déc.
— de la Motte. . .		*idem*.	Fin octobre.

NOMS FRANÇAIS.	SYNONYME BORDELAIS.	FORME QUI LEUR CONVIENT.	ÉPOQUE de la MATURITÉ.
— de Montigny . . .		*idem*.	Fin septemb.
— de Chassery. . . .	Echassery.	*idem*.	Décembre.
— de Caissoy.	Roussette d'Anjou. . . .	*idem*.	Nov. et déc.
Jalousie.		*idem*.	Octobre.
Rousseline d'automne. .		*idem*.	Novembre.
Martin sire		*idem* et haute tige. . .	Janvier.
— sec.		Quenouille et espalier. . .	Décembre.
Sabine.		*idem*.	Janvier.
Double fleur.	Royale arménie.	*idem*.	Fév. et mars.
Colmar poire manne. . .		*idem*.	Février.
Colmar doré.		*idem*.	Mars.
— d'été. . , . . .		*idem* et haute tige. . .	Septembre.
Passe Colmar		*idem*. . . . . . . , .	Janvier.
Louise bonne d'Avranches.		*idem*.	Fin septem.
Impériale à feuil. de chêne.		Haute tige.	Mars.
Poire catillac.	Petit certeau.	Engobelet ou entonnoir. . .	à cuire en hiv.
Gros catillac.	Gros certeau.	*idem*.	*idem*.
Rateau gris.	Poire à la livre.	Quen., espalier, gobelet. .	
— blanc.	Royale d'été.	*idem*.	Mai et Juin.
Tarquin.		Quenouille et gobelet. . .	Avril et mai.
Chat brûlé.	Pucelle de Saintonge. . .	*idem*.	Mars.
Sarrazin.		Haute tige.	Va jusq. nou.
Sanguine d'Italie.		*idem*.	Mars.
Muscat Lalleman		Quenouille et gobelet. . .	Avril.

NOMS FRANÇAIS.	SYNONYME BORDELAIS.	FORME QUI LEUR CONVIENT.	ÉPOQUE de la MATURITÉ.
Suite des Poiriers.			
Chaptal.		Quenouille et gobelet. . .	Mars.
Saint-Père.		*idem*.	*idem*.
Wilhelmine.		*idem*.	Fév. et mars.
Poires nouvelles.			
Bergamotte de Partenay. .		Quen. espalier et gobelet.	Mars.
Captif de Sainte-Hélène. .		*idem*.	Février.
Colmar d'Arembert. . . .		*idem*.	Janvier.
Poire Hessel.		*idem*.	Août.
Ferdinand de Meester. . .		*idem*.	*idem*.
Beurré de Beaumont. . .		*idem*.	Septembre.
— de Piquery		*idem*.	Novembre.
— de Maline.		*idem*.	Décembre.
— gris d'hiver. . . .		*idem*.	Janvier.
Jalousie de Fontenay. . .		*idem*.	Septembre.
William.		*idem*.	*idem*.
Fleur de neige.		*idem*.	Août.
N° 17 de Van Mons. . . .		*idem*.	Juillet.
N° 1500 de Van Mons. . .		*idem*.	*idem*.

Marie-Louise.		*idem*.	Novembre.
Triomphe de Louvain. . .		*idem*.	Mars.
POMMIERS.			
Paradis		Tout-à-fait nain.	Juillet.
Calville d'été.		Haute tige plein-vent. . .	Août.
Passe pomme rouge. . . .	Magdeleine	*idem*.	*idem*.
Cœur de pigeon ou museau de lièvre.		*idem*.	Novembre.
Rambour d'été.		*idem*.	Août et sep.
Châtaignier.		*idem*.	Décembre.
Calville blan. bonnet carré.		*idem*.	*idem*.
— rouge d'automne .		*idem*.	Novembre.
Postophe d'hiver.		Demi et haute tige pl.-vent.	Décembre.
D'astraccan transparente. .		*idem*.	Novembre.
Culotte de Suisse.		*idem*.	Décembre.
Pomme coing.		*idem*.	*idem*.
Ménagère ou Joséphine. .		Demi tige.	*idem*.
Capendu.		Haute tige.	Mars.
Fenouillet gris.		*idem*.	*idem*.
Bardin azeroly rouge. . .		*idem*.	*idem*.
Fenouillet jaune drap d'or anis.		*idem*.	Mars.
Apis petit.		*idem*.	Mai.

NOMS FRANÇAIS.	SYNONYME BORDELAIS.	FORME QUI LEUR CONVIENT.	ÉPOQUE de la MATURITÉ.
Suite des Pommiers.			
Apis gros pomme rose...	Pomme dieu et pom. rose.	Haute-tige...	Mai.
Bonne de mai...	*idem*...	*idem*...	*idem.*
Concombre des chartreux.	Pomme Dieu et pom. rose.	*idem*...	*idem.*
Pomme calvel...	Redondelle...	*idem*...	*idem.*
Violette des quatre goûts.		*idem*...	Novembre.
Apis noir...	Pomme prune...	*idem*...	Mai.
Pomme d'enfer...	Pomme noire...	*idem*...	Décembre.
Calville rouge d'hiver...	Sanguine...	*idem*...	Nov. décem.
Rambour franc...	Grosse pomme ronde...	*idem*...	*idem.*
— d'hiver...		*idem*...	Février.
Pépin de Richton...	Pomme cire...	*idem*...	*idem.*
Monstrueuse d'Angers...		Quen., espalier et gobelet.	Décembre.
Pomme d'Ève...		*idem*...	Avril.
— de lestre...		*idem*...	Mai.
Sucrin...		Haute tige...	Mars.
Reinette d'Angleterre...		*idem*...	*idem.*
— dorée...		*idem*...	*idem.*
— blanche...		Haute tige...	*idem*
— rouge...		*idem*...	Février.

NOMS FRANÇAIS.	SYNONYME BORDELAIS.	FORME QUI LEUR CONVIENT.	ÉPOQUE de la MATURITÉ.
— de Hollande...		*idem*...	Novembre.
— jaune hâtive...		*idem*...	Septembre.
— rousse des Carmes.		*idem*...	Octobre.
— blanche d'Espagne		*idem*...	*idem.*
— de Bretagne...		*idem*...	Décembre.
— du Canada...		Quen., espalier et gobelet.	Février.
— de Caux...		*idem*...	Décembre.
— Francatu...		*idem*...	*idem.*
— franche ou piquetée		Haute tige...	En juillet.
— grise haute bonté.		*idem*...	*idem.*
— grise de Granville.		*idem*...	Janvier.
— princesse noble..		*idem*...	*idem.*
Cognassier.			
Coing pomme...		Haie élevée et plein-vent.	Décembre.
Coing poire...		*idem*...	*idem.*
Coing de Portugal...		*idem*...	*idem.*
Coing de la Chine...		Quenouille et plein-vent.	Janvier.
Néflier.			
Néflier commun...		Haie et touffes...	Nov. et Déc.
— sans pepins...		Plein-vent...	*idem.*
— à gros fruits...		*idem*...	*idem.*
— à fruits allongés..		*idem*...	*idem.*
— à fruits précoces..		*idem*...	Octobre.

NOMS FRANÇAIS.	SYNONYME BORDELAIS.	FORME QUI LEUR CONVIENT.	ÉPOQUE de la MATURITÉ.
Sorbier, Cormier, Alizier, Azerolier.			
Sorbe pomme.		Plein-vent.	Oct. et nov.
Sorbe poire.		*idem.*	*idem.*
Alisier alouchier.		*idem.*	Nov. et déc.
— de Fontainebleau. .		*idem.*	*idem.*
— blanc torminalis. .		*idem.*	*idem.*
Azerolier à fruit blanc. . .		*idem.*	*idem.*
— à fruit en poire.		*idem.*	*idem.*
— d'orient.		*idem.*	*idem.*
Grenadiers.			
Grenadier à fruit acide. .		Buisson et espalier. . . .	Oct. et Nov.
— à fleur blanche.		*idem.*	*idem.*
— nain à petit fruit.		*idem.*	*idem.*
Orangers.			
Orangers.			
Bigaradiers.			

Limoniers ou citroniers. .			
Cédratiers.			
Limettiers.			
Lumies			
Pampelmouses.			
FRUITS A NOYAUX.			
Péchers.			
(Chair se séparant du noyau.)			
Avant, pêche rouge. . .	Pêcher..	Espalier et plein-vent. . .	Juillet.
Mignonne hâtive.		*idem.*	Août.
Petite mignonne frisée. . .		*idem.*	*idem.*
Viveuse de Fromentin. . .		*idem.*	*idem.*
Belle Beauce.		*idem.*	Fin août.
Belle beauté.			*idem.*
A fleur blanche.			*idem.*
Pêche d'Esse.			Aout.
Pourprée hâtive.			*idem.*
Grosse mignonne.			*idem,*
A fleur double.		Plein-vent.	Fin août.
Abricotée grosse jaune. . .	Roussane femelle. . . .	*idem.*	Octobre.
Presle.		*idem.*	*idem.*
Avant pêche blanche. . .		Espalier et tige.	Juin.

NOMS FRANÇAIS.	SYNONYME BORDELAIS.	FORME QUI LEUR CONVIENT.	ÉPOQUE. de la MATURITÉ.
Suite des Péchers.			
Magdeleine.		*idem.*	Août.
De Malte belle de Paris. .		Espalier et tige.	*idem.*
Magdeleine de Cousson. .		*idem.*	*idem.*
Cardinale.		*idem.*	Octobre.
Belle de Vitry.		*idem.*	Septembre.
Petite mignonne.		*idem.*	Fin juillet.
Alberge jaune.	Roussane.	*idem.*	*idem.*
Sieulle.		*idem.*	Septembre.
Chevreuse hâtive. . . .		*idem.*	Fin août.
— tardive. . . .		*idem.*	Fin septemb.
Magdeleine tardive. . .		*idem.*	*idem.*
Bellegarde Galande. . .		*idem.*	Août.
Bourdine.		*idem.*	Fin août.
Tèton de Vénus.		*idem.*	Septembre.
Veloutée tardive.		*idem.*	*idem.*
(A chair adhérante au noyau).			
Pavie de pompone. . . .	Persequiers.	Espalier et plein-vent. . .	Octobre.
Pavie Magdeleine. . . .		*idem.*	Septembre.

NOMS FRANÇAIS.	SYNONYME BORDELAIS.	FORME QUI LEUR CONVIENT.	ÉPOQUE. de la MATURITÉ.
Pavie jaune.		*idem.*	*idem.*
Gros persèque.		*idem.*	Fin septemb.
Pavie tardif.		*idem.*	Octobre.
Desprès.		*idem.*	Com. d'août.
(Fruit lisse quittant le noyau) .			
Jaune lisse.	Brugnoniers.	*idem.*	Octobre.
Pêche cerise.		*idem.*	Août.
Violette hâtive.		*idem.*	Août.
Violette de courson. . .		*idem.*	Septembre.
(Chair tenant au noyau).			
Brugnon musqué violet. .		*idem.*	Septembre.
Brugnon jaune.		*idem.*	Fin septemb.
Abricotiers.			
Abricot précoce. . . .	Abricot St-Jean, amende amère.	Plein-vent.	Juin.
— blanc.		*idem.*	Juillet.
Angoumois.	Amande douce.	*idem.*	*idem.*
— commun. . . .	— amère.	*idem.*	*idem.*
De Hollande.	— douce.	*idem.*	*idem.*
De Provence.	— douce.	*idem.*	*idem.*
De Portugal.	— douce.	*idem.*	Août.
Aricot alberge..	— amère.	Espalier et haute-tige. . .	*idem.*

NOMS FRANÇAIS.	SYNONYME BORDELAIS.	FORME QUI LEUR CONVIENT.	ÉPOQUE de la MATURITÉ.
Suite des Abricotiers.			
Abricot aveline.	Amande douce.	Espalier et Haute-tige. . .	Août.
— pêche.	— amère.	*idem.*	*idem.*
— royal.	*idem.*	*idem.*	*idem.*
— pourret.	*idem.*	*idem.*	*idem.*
— musch.	Amande douce.	Espalier.	Juillet.
— gros musch. . . .	*idem.*	*idem.*	*idem.*
— violet et noir du pape.	Amande amère.	Espalier et haute-tige. . .	*idem.*
PRUNIERS.			
Prune jaune hâtive.	Saint-Jean.	Tous les pruniers s'accommodent très-bien de la forme en plein vent dans la Gironde : toutefois, on peut bien le tenir en gobelet plus ou moins élevé et en former aussi des espaliers et contr'espaliers pour hâter et prolonger la maturité.	Depuis la St-Jean, on commence à avoir des prunes mûres à Bordeaux; cette maturité se succède jusques en oc-
Précoce de Tours.	Noire hâtive.		
Damas musqué.			
— violet.			
— d'Espagne. . . .			
— de septembre . . .			
Royale hâtive.			
Bifère.	Verdanne.		
Prune Monsieur.			
Surpasse Monsieur.			

78

NOMS FRANÇAIS.	SYNONYME BORDELAIS.		
Royale de Tours.			tobre, et on a encore des prunes St.-Martin en novembre.
Monsieur tardive..			
Perdrigon blanc.			
— violet.			
— rouge.			
Prune pêche.			
— Sans noyau.			
De Jérusalem.			
Brignolle.			
Reine Claude verte. . . .			
— dorée ou dauphine			
— violette.			
Abricotée.	Prune ambre		
Mirabelles.			
Impériale violette.	Prune œuf.		
— blanche.	*idem.*		
— jaune.	*idem.*		
Dame Aubert.	Prune grosse jaune. . . .		
Diaprée rouge.			
— noire.			
Impératrice blanche. . . .			
Ile verte.			
Sainte-Catherine.			
Couetsche.			

79

NOMS FRANÇAIS.	SYNONYME BORDELAIS.	FORME QUI LEUR CONVIENT.	ÉPOQUE de la MATURITÉ.
Suite des Pruniers.			
De Saint-Martin.			
D'Agen.	Prune d'ente robe-sergent.		
Saint-Julien. . , ...			
Damas noir tardif.			
De Virginie.	Mirobolan.		
CERISIERS.	.		
1er *groupe.*			
Mérisiers guiniers.	Gain-doux.	Les Cerisiers formant le premier groupe sont propres à former des pleins-vents.	On peut ordinairement à Bordeaux manger des cerises en abondance, depuis le 1er juin jusq. 15 juillet; avant et après ces deux époques on a les hâtives et les tardives qui sont encore très-peu multipliées.
Grosse guigne noire hâtive.	idem.		
— mérise blanche. . . .	idem.		
— rose hâtive.	idem.		
— noire luisante. . . .	idem.		
2me *groupe.*			
Bigarreau hâtif.	Cerise cœur ou carrée. . .	Ceux de la seconde section se mettent aussi en plein-vent.	
— gros rouge.	idem.		
— gros blanc.	idem.		
— belle de Rochmont. . .	idem.		
— gros cœuret.	idem.		
— Napoléon.	idem.		
— à feuilles de tabac. . .	idem.		
3eme *groupe.*			
Cerise précoce.	Gains-aigres.	Les Cerisiers de cette troisième section conviennent pour former des hautes-tiges, demi-tiges et espaliers. Du reste, tous les cerisiers greffés sur merisiers font bien en plein-vent, et si on les greffe sur le Ste-Lucie ou cerisier Mahaleb ils conviennent mieux pour des demi-tiges et pour espaliers.	
— tardive.	idem.		
De Montmorency à c. queue	idem.		
Gros gobet.	idem.		
A trochets.	idem.		
De la Toussaint.	idem.		
Nain précoce.	idem.		
Griotte du nord.	idem.		
— commune.	idem.		
Cerise d'Allemagne. . . .	idem.		
— royale.	idem.		
— reine Hortense. .	idem.		
— belle de Choisy. .	idem.		
— blanche.	idem.		
— anglaise.	idem.		

NOMS FRANÇAIS.	SYNONYME BORDELAIS.	FORME QUI LEUR CONVIENT.	ÉPOQUE de la MATURITÉ.
FRUITS EN BAIES OU FRUITS MOUS.			
Figuiers.			
Noire hâtive.		Les figuiers se mettent en plein air haute-tige et le plus souvent ils sont au pied des murs, élevés à haute tige et en espalier.	La maturité commence les premiers jours de juillet et se continue jusqu'aux gelées.
Blanche hâtive. . , . . .	Figue céleste.		
Blanche longue.	Figue fleur.		
Jaune hâtive.			
Petite violette.	Petite figue de Marseille. .		
Figue poire de Bordeaux.	Grosse de Marseille. . . .		
Vignes.			
Raisin de St.-Laurent. . .	Magdeleine noir.	Quenouille.	Juillet.
Gros Magdeleine blanc. . .		En grand berceau.	Comm. août.
Chasselas de Fontainebleau		Quenouille et espalier. . .	Août et Sept.
— noir.		*idem* et berceau. . . .	*idem.*
— rouge.		*idem.*	*idem.*
— rose à gros fruits. . .	Chasselas gris.	*idem.*	*idem.*
— petit hâtif.		*idem.*	Août.
— musqué.		*idem.*	Août et Sept.
— à feuilles laciniées. .	Persillade.	*idem.*	Octobre.
— doré.		*idem.*	Août.
Muscat blanc		Quenouille.	Septembre.
— noir précoce. . . .		*idem.*	Août.
— rouge gros..		*idem.*	Septembre.
Passe-longue musquée. . .	Malaga blanc.	Treille en berceau. . . ; .	*idem.*
Verjus bordelais.	Tardif à confire.	*idem.*	Oct. et Nov.
Corinthe blanc.		*idem.*	Septembre.
— violet.		*idem.*	*idem.*
Cornichon blanc.		*idem.*	Sept. et oct.
— violet.		*idem.*	*idem.*

A ces cépages, cultivés dans nos jardins pour dessert, on peut associer les suivants; les meilleurs que nous connaissons sont : les Sauvignons noirs, blancs et gris, le Muscadet ou Raisinotte, le Prunelas, le Malbec ou Balousat, le Cruchinet blanc et noir, le Picardan ou Peulsard du Jura, le Melon ou doré du Jura, et le Malvoisie ou oblong blanc tardif de la Gironde

Groseillers		OBSERVATIONS.
(première section).		
Groseillers à grappe rouge.	Raisinette.	
— blanc.....	idem.	
— couleur de chair		
Blanc perlé......		
Gondouin à gros fruit rouge		
Cassis........		
(Deuxième section).		Dans cette deuxième section se trouvent les groseilles hérissées, dont les variétes sont : à fruit ambré, couleur de chair long, idem rond, verte blanche, grosse jaune, grosse ronde et couleur olive.
Groseiller épineux.....		
Verte ronde grosse.....		
Verte longue.....		La maturité des groseilles a lieu à Bordeaux en juillet. On les tient en buissons, en touffes, en haies, et mieux élevés à petite demi-tige.
Grosse lobée.....		
— ambrée.....		
Très grosse jaune.....		

FRAMBOISIERS. — Commun ou des bois, *idem* à fruit blanc, de tous les mois, à gros fruits carrés. — On forme avec les framboisiers de petits taillis, ou on les plante par touffes alignées; on a à Bordeaux les framboises mûres, ordinairement, en juin et juillet.

CHATAIGNIER. — Les diverses variétés sont la Châtaigne commune, plus ou moins grosse, la pourtalonne, la précoce, verte du Limousin, les Marrons francs qui se distinguent par leur forme ronde; ces fruits nous arrivent mûrs dès le mois d'octobre, et se gardent jusque fin de février.

NOYER. — Ses variétés sont le commun, à coque tendre ou mésange, à gros fruits, anguleux, tardif à fleurir, à fruits gros carrés ou noix à bijoux à fruits longs, à grappe, et le noyer fertile.

FIN DES TABLEAUX.

EXPLICATION DES FIGURES.

1 Jeune arbre à planter ; les traits marqués aux racines et aux branches indiquent la taille qui doit leur être appliquée.

1 Serpette.

3 Sécateur.

4 Grosse Serpe servant aux élagages et à la coupe des têtards.

5 Scie à main.

6 Croissant.

7 Ciseaux ou cisailles.

8 Rabattoir ou récépeur : nous avons imaginé cet outil pour rabattre les sujets au-dessus des greffes en écussons ; il est beaucoup plus avantageux pour cet emploi que la serpette. Il est aussi fort convenable pour la tonte des osiers ou vimes.

9 Branche mère portant boutons à bois, boutons à fruits de deux ans et de trois ans des arbres à pepins.

10 Branche mère garnie de trois branches à bois.

11 Branche mère des arbres à noyaux, garnie de ses boutons à bois et à fruits.

12 Quenouille de poiriers.

13 Gobelet de pommiers.

14 Cordons de vignes à la méthode de Thomery.

15 Vigne en treille à Bordeaux.

TABLE DES MATIÈRES.

FIN DE LA TABLE.

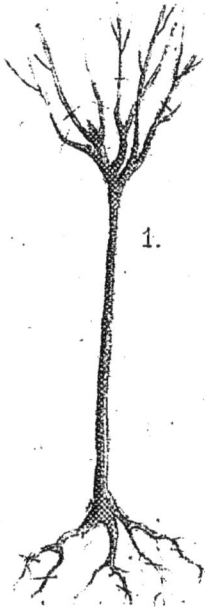

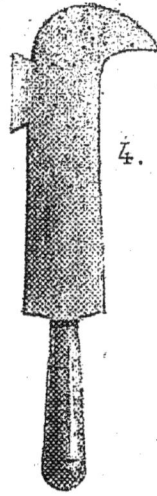
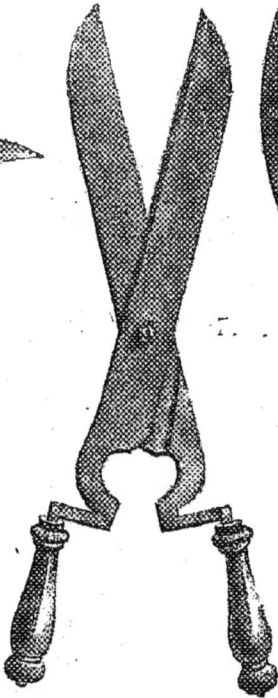

1. 2. 3. 4. 5. 6. 7. 8.

Lith. Laborie. Rue de la Devise, N° 54. Bordeaux.

9.

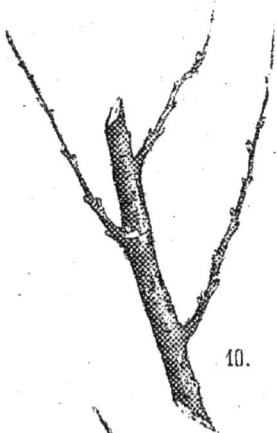

10.

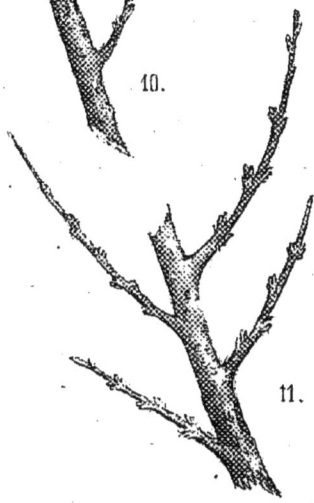

11.

13.

12.

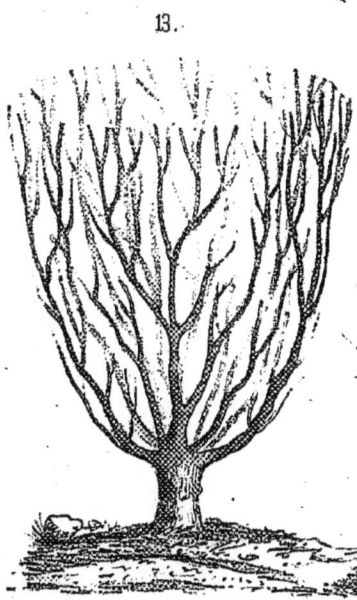

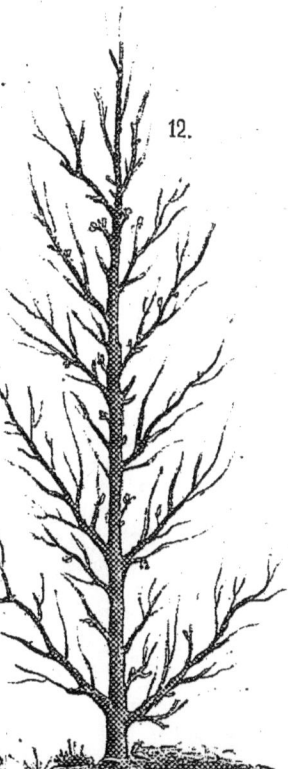

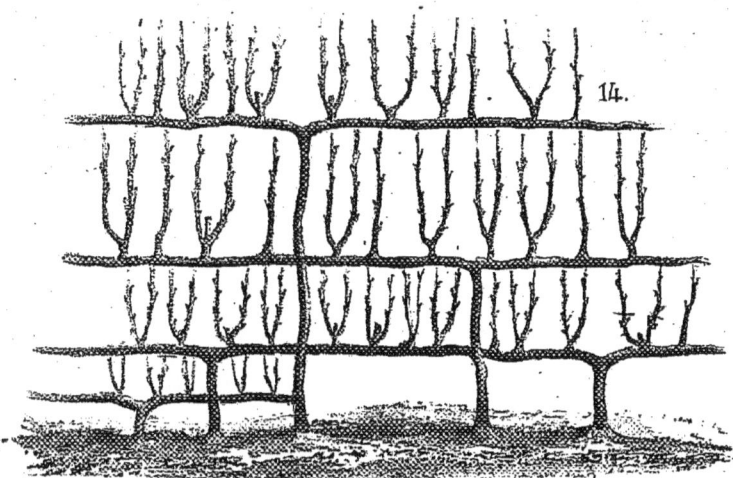

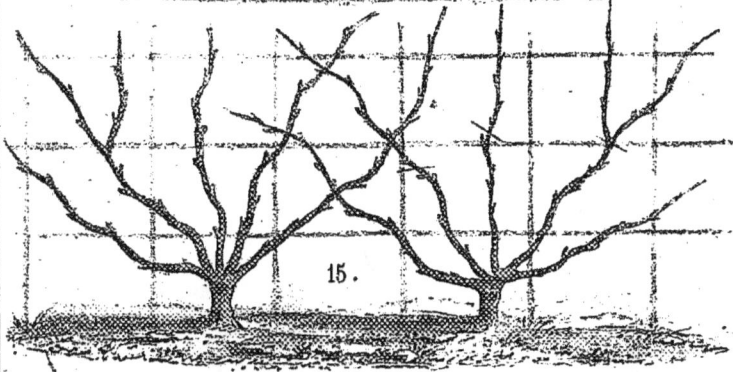

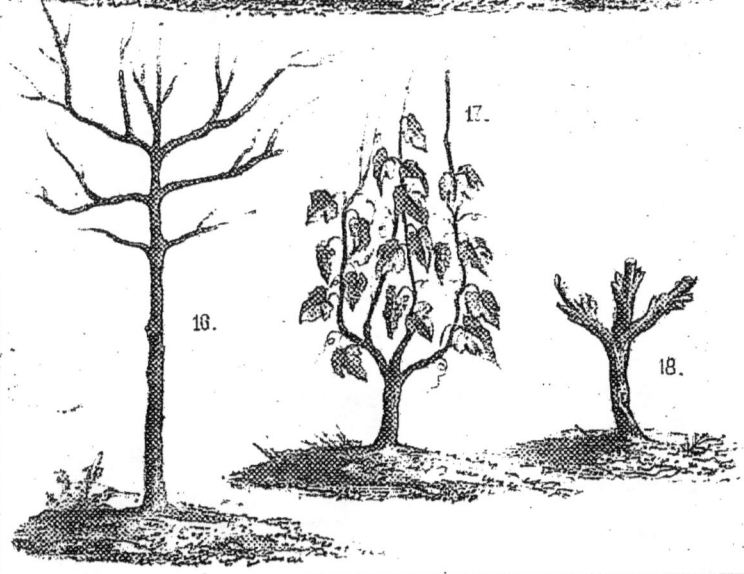

lith. Laborie.

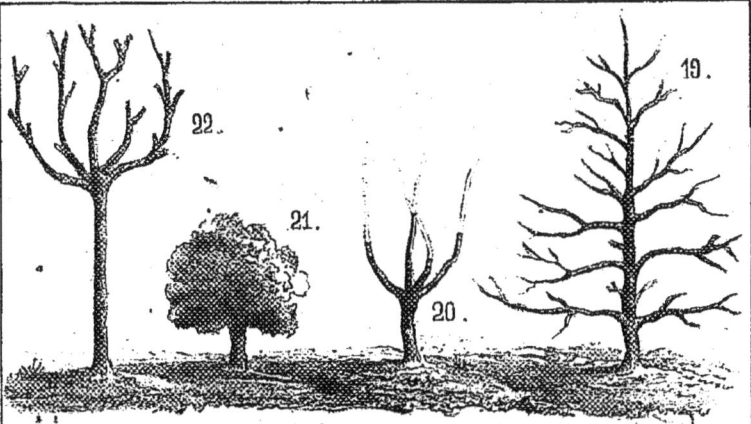

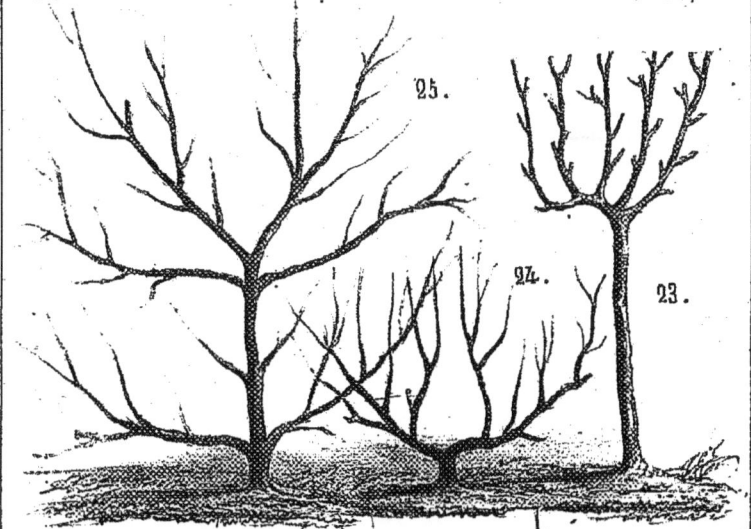

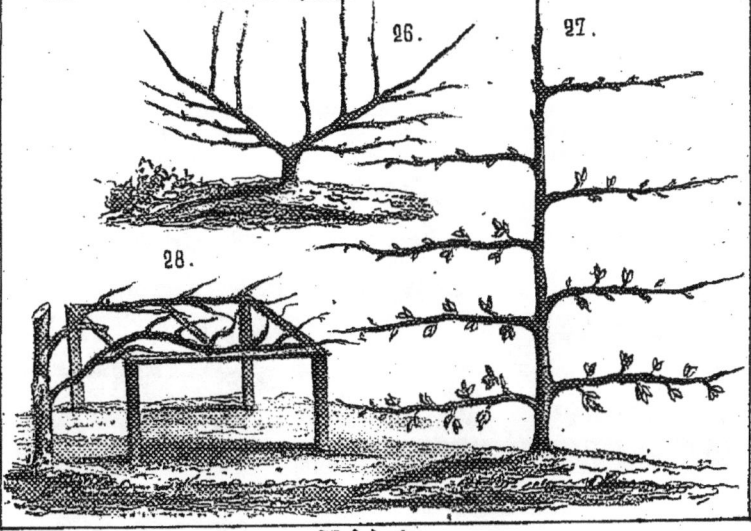

lith.Laborie.

29.

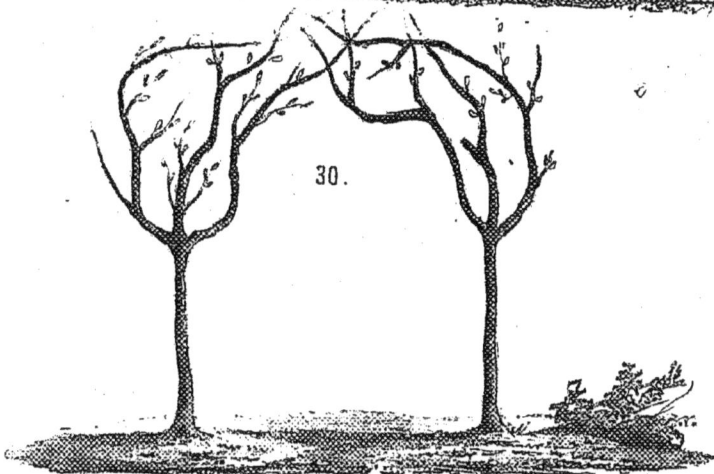

30.

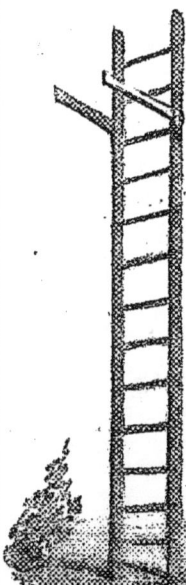
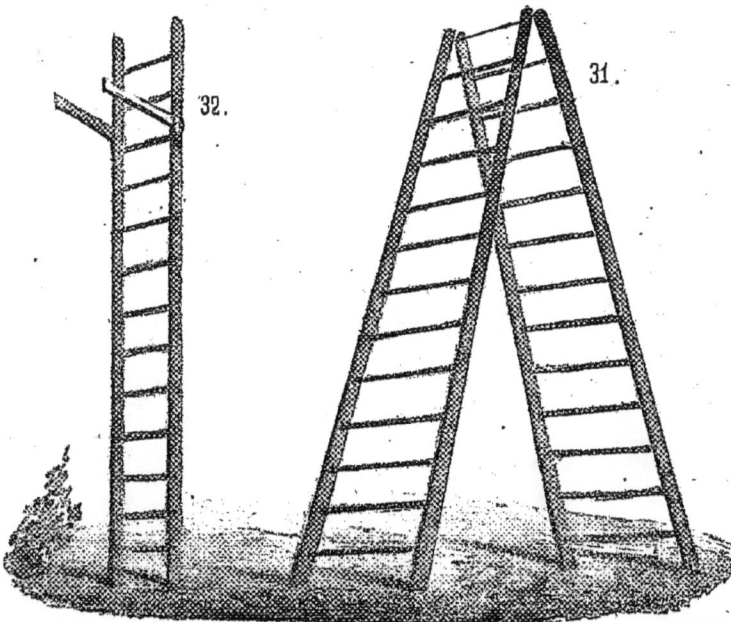

32.

31.

lith.Laborie.

Ramey, J. C.
Traité élémentaire de la taille des arbres

www.ingramcontent.com/pod-product-compliance
Lightning Source LLC
Chambersburg PA
CBHW071109210326
41519CB00020B/6242